化学系学生にわかりやすい
熱力学・統計熱力学

工学博士　湯浅　　真　共著
博士(理学)　北村　尚斗

コロナ社

まえがき

　とかく化学系の学生は，物理や数学を苦手とする傾向がある。さらに，それらを応用した物理化学（熱力学，平衡論および速度論，電気化学など）は，たいへんかつ厄介であると感じられる傾向もある。著者も学生のころ，物理化学を辛苦して学んだ覚えがある。そこで，本書はつぎの(1)〜(3)を重視して記述している。
(1)　化学系の学生に必要な物理化学の各分野を体系的に理解してもらう。
(2)　(1)に対応して，物理化学を他の化学を学ぶ際に有効に活用してもらう。
(3)　(1)および(2)のために，本書内の図表，演習などを活用してもらう。

　このため本書は，物理化学の中で主要であると考えられる熱力学，平衡論・速度論および電気化学の分野の中から，特に最初の熱力学について執筆したものである。物理化学において，熱力学は（古典）熱力学と統計熱力学に分かれ，それらをまとめて記述した本も少ない。そこで，大学の学部・大学院で講義している湯浅と北村が，熱力学（（古典）熱力学と統計熱力学）を学ぶ学生諸氏のために体系的にわかりやすく書いたものが本書である。特に（古典）熱力学は系の巨視的（マクロな）性質から考える熱力学であり，統計熱力学は系を微視的な（ミクロな）分子およびその集団などとして考える熱力学である。そのため，（古典）熱力学と統計熱力学を体系的にまとめて1冊にしたほうが，両者を相互理解でき，熱力学の体系を理解できると考えられる。

　また，これらの熱力学は物理化学の主要分野の一つで，さらに有機化

学，無機化学などを学ぶ上でも基礎となる重要な化学でもある。そのため，本書では，（古典）熱力学と統計熱力学の意義・目的，それらの関係などを踏まえて系統的に記述するとともに，他の化学への応用を反映できるようにも書いている。例えば統計熱力学においては，気体分子運動論，分子の分布とその応用なども重要となるので，それらを考慮して紹介している。1章 熱力学および統計熱力学の基本用語および基本法則 および2章 熱力学（(古典)熱力学）を湯浅が，3章 気体分子運動論と統計熱力学 を北村が執筆している。

　1章では，意義・目的，（古典）熱力学と統計熱力学の関係などとともに，これらの基本用語および基本法則を紹介している。

　2章では，（古典）熱力学について，理想気体と諸法則および状態方程式，状態とエネルギー：熱力学第一法則，状態変化とエントロピー：熱力学第二，三法則，熱力学関数，などについて紹介している。

　3章では，気体分子運動論，分子の分布とその応用などをわかりやすく解説した上で，分子の運動とエネルギー，統計集団，ボルツマン分布，分配関数などを含む統計熱力学について紹介している。

　本書の執筆にあたり，企画の段階，内容の検討など，刊行に至るまでコロナ社に多くの助言をいただいた。コロナ社の関係諸氏に心より感謝申し上げる次第である。

　2017年2月

湯浅　真
北村　尚斗

目　　　次

1.　熱力学および統計熱力学の基本用語および基本法則

1.1　基　本　用　語 ……………………………………………… *3*
1.2　基　本　法　則 ……………………………………………… *4*

2.　熱　　力　　学

2.1　理想気体と諸法則および状態方程式 …………………… *6*
　2.1.1　理想気体と気体の諸法則 …………………………… *6*
　2.1.2　熱力学的温度とは …………………………………… *8*
　2.1.3　理想気体の状態方程式 ……………………………… *9*
2.2　状態とエネルギー：熱力学第一法則 …………………… *9*
　2.2.1　熱　と　仕　事 ……………………………………… *9*
　2.2.2　内部エネルギー ……………………………………… *13*
　2.2.3　熱力学第一法則 ……………………………………… *14*
　2.2.4　エンタルピー ………………………………………… *15*
　2.2.5　状態量（状態関数）とその関連する数学 ………… *16*
　2.2.6　状態変化とその過程 ………………………………… *23*
　2.2.7　熱容量とその諸性質 ………………………………… *27*
　2.2.8　化学反応と熱変化 …………………………………… *35*
2.3　状態変化とエントロピー：熱力学第二，三法則 ……… *37*
　2.3.1　熱力学第二法則とは ………………………………… *37*
　2.3.2　カルノーサイクルとエントロピー ………………… *38*

2.3.3 カルノーサイクルと代表的な諸サイクル ……………… *43*
2.3.4 エントロピーと熱力学第二法則 ……………………… *45*
2.3.5 エントロピーの要約 …………………………………… *48*
2.3.6 エントロピーの諸性質 ………………………………… *49*
2.3.7 熱力学第三法則 ………………………………………… *55*
2.3.8 エントロピーの分子論的解釈 ………………………… *57*
2.4 熱 力 学 関 数 ……………………………………………… *61*
2.4.1 熱力学第一法則と熱力学第二法則の関係 …………… *61*
2.4.2 自由エネルギー ………………………………………… *61*
2.4.3 熱力学の基礎方程式 …………………………………… *63*
2.4.4 ギブス・ヘルムホルツの式 …………………………… *66*
2.4.5 式 $\Delta G = \Delta H - T\Delta S$ について ……………………………… *67*
引用・参考文献 ………………………………………………………… *69*

3. 気体分子運動論と統計熱力学

3.1 気体分子運動論 ………………………………………………… *70*
3.1.1 気体分子運動論とは …………………………………… *70*
3.1.2 気体の圧力とエネルギー ……………………………… *71*
3.1.3 気体分子の速度 ………………………………………… *75*
3.1.4 気体分子運動論と実在気体の状態方程式 …………… *77*
3.1.5 気体の液化:気体と液体の境目 ……………………… *82*
3.1.6 気体分子の衝突 ………………………………………… *84*
3.2 分子の分布とその応用 ………………………………………… *88*
3.2.1 分子の分布とは ………………………………………… *88*
3.2.2 スターリングの公式 …………………………………… *91*
3.2.3 最大確率の分布 ………………………………………… *92*
3.2.4 分子の速度分布:マクスウェルの速度分布則 ……… *94*

3.3 統計熱力学 ·· 98
  3.3.1 統計集団 ·· 98
  3.3.2 状態の数とエントロピー ······························ 104
  3.3.3 ボルツマン分布 ······································ 105
  3.3.4 分配関数 ·· 108
  3.3.5 熱力学関数とカノニカル分配関数 ······················· 109
  3.3.6 熱力学の法則の統計熱力学による表現 ···················· 112
  3.3.7 分子分配関数 ·· 116
  3.3.8 分配関数の各論 ······································ 119
引用・参考文献 ·· 130

付　　録 ·· 131
  A.1 水溶液中の標準状態での熱力学的性質表 ···················· 131
  A.2 標準状態での熱力学的性質表 ····························· 133
演習問題解答 ··· 138
索　　引 ·· 175

1章 熱力学および統計熱力学の基本用語および基本法則

　化学的な問題（現象）を物理学的な手法で研究する化学を物理化学といい，広範囲な学問領域であるが，あらゆる化学の分野の基礎となる。その物理化学の中で，エネルギー論の一部で，（熱）平衡状態に関しており，系（物質）の巨視的な性質を表す学問を古典熱力学という。古典熱力学は物理における古典力学（ニュートン力学）からの継承であり，もう一つの分野は量子力学である。化学では古典という言葉はあまり用いないので以降"熱力学"と表すことにする。さらに，系を構成する分子などの微視的な性質である力学的性質と，系の巨視的な性質である熱力学的性質を理論的に関係づける学問を，"統計熱力学"という。

　図1.1に示すように，熱力学は，圧力，容積，温度，エネルギーおよびそれらの間の関数を取り扱い，熱力学によって系の巨視的な（"マクロな"，大きな規模の）性質が導かれる。しかしながら，さらに進んでその本質を明らかにしていない。すなわち，系がなにゆえある性質に対し一定の数値をもつかを説明することはできない。物体（物質）の巨視的性質がなぜその実際の値をとりうるかを理解するには，素粒子，力の場，構造や相互作用の原理などによって物体を微小な規模で探る理論（微視的理論）をもたねばならない。そのため，統計力学を用いた熱力学の分子論的理解が検討され，統計熱力学が誕生した。

1. 熱力学および統計熱力学の基本用語および基本法則

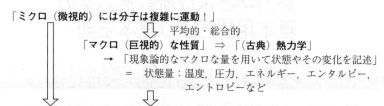

(a) 平衡状態に関する学問

「ミクロ（微視的）には分子は複雑に運動！」
　　　　　⇩　平均的・総合的
　　「マクロ（巨視的）な性質」 ⇒ 「（古典）熱力学」
　　　→ 「現象論的なマクロ量を用いて状態やその変化を記述」
　　　＝ 状態量：温度，圧力，エネルギー，エンタルピー，
　　　　　　　　エントロピーなど
　　　　　⇩
「熱力学的な状態量を現在の自然科学の骨組みの中で真に理解するには？」
　→　系のミクロな構造に基づいての証明が必要！
　→　「統計力学を用いた熱力学の分子論的理解！」 ⇒ 「統計熱力学」
　→　「熱力学で扱う系」 ⇔ 「分子集団の系」
　　　　　　　（相互に理解）
　→　まず，気体分子運動論，つぎに，古典および統計熱力学を学ぶ！

(b) 熱力学で扱う系：（多数の分子よりなる）分子集団の系

図 1.1 熱力学と統計熱力学の関係（気体分子運動論，気体分布則なども含む）

　熱力学で扱う系は（多数の分子よりなる）分子集団の系であり，ミクロ（微視的）には分子は複雑に運動している。それを平均的・総合的にまとめた性質がマクロ（巨視的）な性質であり，熱力学に対応する。熱力学においては，現象論的なマクロな量を用いて状態やその変化を記述しており，状態量である温度，圧力，エネルギー，エンタルピー，エントロピーなどで表されている。しかしながら，熱力学的な状態量を現在の自然科学の骨組みの中で真に理解するには系のミクロな構造に基づいての証明が必要であり，統計力学を用いた熱力学の分子論的理解である統計熱力学が重要となる。すなわち，熱力学で扱う系（マクロな系）と統計熱力学を考慮した分子集団の系（ミクロな系）を相互に理解する必要がある。ここでは，熱力学および統計熱力学について体系的に学習し，両者の理解を有機的かつ統合的に理解することを目標とする。

1.1 基本用語

熱力学および統計熱力学の基本用語として考慮してほしいものを，**図1.2**および**表1.1**に示す．系と外界において，前者は対象物質を，後者は系以外の物質を示している．さらに，系においては開いた系（流れ系），閉じた系（非流れ系）および孤立系に分類される．開いた系（流れ系）では外界との間において物質およびエネルギーの出入りがあり，閉じた系（非流れ系）では物質の出入りはないがエネルギーの出入りはある．さらに孤立系においては，物質およびエネルギーの出入りは両方ともない．

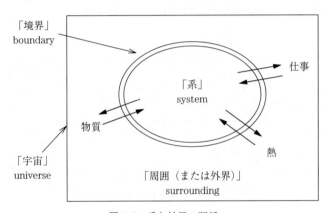

図 1.2 系と外界の関係

表 1.1 系の種類と外界とのやり取り

系の種類	物質の流れ	エネルギーの流れ	力学的仕事のやり取り
開いた系（流れ系）	あり	あり	あり
閉じた系（非流れ系）	なし	あり	あり
孤立系	なし	なし	なし
断熱系	なし	なし	あり

つぎに，状態量（または状態関数ともいう）は系の状態が熱力学性質の値によって一義的に与えられる場合の性質であり，示量的性質および示強的性質がある。示量的性質は物質の量に比例する性質であり，容積（体積），内部エネルギー，エンタルピー，エントロピー，自由エネルギーなどがあり，示強的性質は物質の量には無関係な性質であり，温度，圧力などである。なお，熱と仕事は状態量（状態関数）ではない。

最後に，可逆過程と不可逆過程は表1.2に示されるもので，**可逆過程**においては熱平衡は保持され，変化の方向の逆行性がある。一方，**不可逆過程**においては熱平衡は乱され，変化の方向の逆行性はない。しかしながら，可逆過程はあくまでも理想化した過程なので，実際にはこれに準ずる準静的過程[†]（可逆過程の一例ともとらえられている過程）が用いられる。不可逆過程は実際に起こる過程である。

表1.2 可逆過程と不可逆過程

	熱平衡	変化の方向の逆行性	例	状態変化の程度	操作時間
可逆過程	保持される	あり	理想化した過程		
準静的過程	保持される	あり	実現できる場合もある	無限小量	無限にゆっくり
不可逆過程	乱れている	なし	実際に起こる過程	有限量	有限時間

〔注〕 準静的過程は可逆過程の一例である。

1.2 基 本 法 則

熱力学の基本法則は三つ（または四つ）の法則があり，熱力学はこの

[†] 内圧 P_i および外圧 P_e とした場合，P_e を P_i よりも無限小だけ大きくすることができる場合，体積変化には無限に長い時間を要することになる。このような変化を準静的変化という。準静的変化では，仕事 w から熱 q への変化は起こらず，P_i を無限小だけ P_e より大きくすれば，なんの跡も残さずに元の状態に戻すことができる。このような準静的変化の生じる過程を準静的過程という。

法則の上に築かれた学問でもある。**図1.3**に示すように，熱力学第零法則は二つの系がおのおの第3の系と熱平衡にあるならば，この二つの系はたがいに熱平衡にあるという法則で，「系の温度の定義」とされている。熱力学第一法則は宇宙（孤立系）のエネルギーは一定であるという法則で，「系のエネルギー保存則」とされている。熱力学第二法則は宇宙（孤立系）のエントロピーは極大に向かう傾向を表している法則で，「系の変化の方向の判断」をする法則である。最後に，熱力学第三法則は絶対零度で完全結晶のエントロピーは零という法則で，「絶対零度の定義」とされている。

熱力学第零法則：二つの系がおのおの第3の系と熱平衡にあるならば，この二つの系はたがいに熱平衡にある。
　　　　　　　→「系の温度の定義」
熱力学第一法則：宇宙（孤立系）のエネルギーは一定である。
　　　　　　　→「系のエネルギー保存則」
熱力学第二法則：宇宙（孤立系）のエントロピーは極大に向かう傾向にある。
　　　　　　　→「系の変化の方向の判断」
熱力学第三法則：絶対零度で完全結晶のエントロピーは零
　　　　　　　→「絶対零度の定義」

図1.3　熱力学の基本法則

2章 熱力学

　熱力学とは，熱の仕事への変換，物質の状態間の変化とエネルギーの関係などに関する科学である。多くの物理的および数学的要素が必要となるが，基本的なことを柔軟に学習することによりその理解は進むであろう。また，実学的には計算も必要であり，表2.1に示すエネルギー換算を理解する必要がある。また，前章で示したように，系の平衡位置を取り扱う学問でもあるので，平衡の理解も重要である。

表2.1　エネルギー換算表

左から右への換算	①「から→	→へ換算」	①「下の数を掛ける」
6.947×10^{-14}	erg/分子	kcal/mol	$1.439 \times 10^{+13}$
4.336×10^{-2}	eV/分子	kcal/mol	$2.306 \times 10^{+1}$
$3.498 \times 10^{+2}$	cm^{-1}/分子	kcal/mol	2.859×10^{-3}
$5.034 \times 10^{+15}$	cm^{-1}/分子	erg/分子	1.986×10^{-16}
2.390×10^{-4}	kcal/mol	J/mol	$4.184 \times 10^{+3}$
9.869×10^{-3}	L·atm	J	$1.013 \times 10^{+2}$
4.129×10^{-2}	L·atm	cal	$2.422 \times 10^{+1}$
②「上の数を掛ける」	②「へ換算←	←から」	右から左への換算

2.1　理想気体と諸法則および状態方程式

2.1.1　理想気体と気体の諸法則

　本書の熱力学および統計熱力学を学ぶ上で，理解が明瞭である理想気体を用いて説明する。以下に理想気体の定義，気体の諸法則を述べる。

2.1 理想気体と諸法則および状態方程式

臨界点より十分に低い圧力 P, 高い温度 T（絶対温度）では，気体の占める体積 V は物質の種類によらないので，一定の温度・圧力の下では物質の量 (n [mol]) のみに定まる。このような気体を理想気体という。理想気体は低温，高圧でないかぎり，ほとんどの気体の挙動を近似的に示すことができる。

一定の温度の下では，一定の気体の体積は圧力に反比例する。このことは，1660年，ボイル（Boyle）により実験的に見出され

$$PV = 一定 \tag{2.1}$$

と数学的に示され，**ボイルの法則**（あるいはボイル・マリオット（Boyle-Mariotte）の法則）という。また，体積は気体の量に比例するので，1 mol 当りの体積をモル体積 V_m とすると

$$nV_m = V \tag{2.2}$$

となる。さらに，一定容積の容器に一定量の気体を満たし，その圧力を測定すると，0℃における圧力を P_0 および t [℃] における圧力を P とすると

$$P = P_0 \left(1 + \frac{t}{273}\right) \tag{2.3}$$

となることを1787年，チャールズ（Charles）が見出し，**チャールズの法則**と呼ぶ。さらに，一定の気体の体積を一定の圧力の下で測定すると，0℃における体積を V_0, t [℃] における体積を V として

$$V = V_0 \left(1 + \frac{t}{273}\right) \tag{2.4}$$

となることを1801年，ゲイ・リュサック（Gay-Lussac）が見出し，**ゲイ・リュサックの法則**という。これらボイル，チャールズおよびゲイ・リュサックの法則をまとめると

$$PV = P_0 V_0 \left(1 + \frac{t}{273}\right) \tag{2.5}$$

となり，**ボイル・チャールズの法則**あるいは**ボイル・ゲイ・リュサックの法則**という。

2.1.2 熱力学的温度とは

セルシウス温度（℃）は水の融点を0℃および水の沸点を100℃とし，その間の目盛は水銀の体積変化を100等分して定めている。しかしながら，厳密な測定を行えば，水銀でないアルコールを用いた温度計ではこの目盛が等分にならないこともある。さらに，ゲイ・リュサックの法則，チャールズの法則においても気体の任意温度，t〔℃〕にかかる体積膨張係数 $\left(\dfrac{1}{273}\right)$ は必ずしも厳密には一定とならない。そこでこの係数を一定として温度目盛を定める気体温度計を用いて温度を定めると，上記の法則が厳密に成立する。実在する気体においては種類により多少があるものの，理想気体においては同じ値となる。理想気体は厳密には架空のものであるが，非常に圧力の低い場合にはいかなる気体も理想気体に近似した挙動をとる。そこで上記の（ボイルの）法則を考慮して考え，温度を法則の成り立つ温度表示（$T = 273 + t$ および $T_0 = 273$）にし，T を求めて計算していくと

$$\lim_{P \to 0} PV = \left(\lim_{P \to 0} PV\right)_{t=0℃} \left(1 + \frac{t}{273}\right)$$

$$= \left(\lim_{P \to 0} PV\right)_{t=0℃} \left(\frac{273 + t}{273}\right)$$

$$= \left(\lim_{P \to 0} PV\right)_{T=T_0} \frac{T}{T_0}$$

$$\therefore \quad T = T_0 \cdot \frac{\lim_{P \to 0} PV}{\left(\lim_{P \to 0} PV\right)_{T=T_0}} \tag{2.6}$$

となる。さらに

$$T_0 = 273.16 \text{ K} \tag{2.7}$$

と実験的に求まる。このように定義された（新しい）温度を**熱力学的温度**あるいは**絶対温度**という。

2.1.3 理想気体の状態方程式

熱力学的温度の定義から,理想気体においては圧力 P および体積 V の積は温度 T に比例する。また,n〔mol〕の気体の体積は同温度,同圧力における1 mol の気体の体積 V_m の n 倍になる。これらを数学的に考えると

$$PV = (PV)_{T=T_0} \frac{T}{T_0}$$

$$PV = nPV_m = n \cdot \frac{(PV_m)_{T=T_0}}{T_0} \cdot T = nRT \tag{2.8}$$

となり,R は次式のようにすべての気体において同じ値をとる普遍定数となる。

$$R = \frac{(PV_m)_{T=T_0}}{T_0} = \frac{\left(\lim_{P \to 0} PV_m\right)_{T=T_0}}{T_0}$$

ここで R は

$$R = 8.3145 \text{ Pa·m}^3/(\text{mol·K}) \quad (= \text{J}/(\text{mol·K})) \tag{2.9}$$

という数値となる気体定数である。以上より,n〔mol〕の気体には

$$PV = nRT \tag{2.10}$$

および 1 mol の気体には

$$PV_m = RT \tag{2.11}$$

という関係があり,**理想気体の状態方程式**という。

2.2 状態とエネルギー:熱力学第一法則

2.2.1 熱 と 仕 事

熱および仕事は一つの系から別の系に移動することができる二つの形のエネルギーである。熱 q は物質の温度変化によって規定されるエネルギーであり,換言すると物質の温度差がもたらすエネルギーの移動と考えることができる。物質の温度を dT だけ変化させるのに必要な(微小

熱量 δq は dT に比例する（式(2.12)）。式(2.12)で示されるように，熱は外界から系に加えられるときに正，逆は負となる。

$$\delta q = C \cdot dT \quad (C：定数で熱容量) \tag{2.12}$$

仕事 w は一つの力学系から他の力学系へのエネルギーの移動と考えることができる。(微小)仕事 δw は力の作用点の変位 dr と同一方向の力成分 $f(r)$ との積となる（式(2.13)）。これを容積変化の仕事（または圧力-容積仕事，あるいは PV 仕事）とすると，図 2.1 のピストンでは式(2.14)のように示せる。これより，積分系における V_1～V_2 間の容積変化の仕事（正確には，容積変化の膨張仕事）は式(2.15)となる。さらに，式(2.15)で示される仕事を可逆的および不可逆的な膨張仕事に分類して示すと，おのおの，式(2.16)および式(2.17)で示される（図 2.2）。なお，系がした仕事は系が失ったエネルギーなので負，逆は正となる。

$$\delta w = -f(r) \cdot dr \tag{2.13}$$

$$\delta w = -f(r) \cdot dr = -PA \cdot \frac{dV}{A} = -PdV \tag{2.14}$$

$$w = -\int_{V_1}^{V_2} PdV \tag{2.15}$$

可逆的膨張仕事：$w_r = -\int_{V_1}^{V_2} PdV$ （可逆変化で P は内圧）

$$\tag{2.16}$$

不可逆的膨張仕事：$w_{ir} = -\int_{V_1}^{V_2} P_{ex}dV = -P_{ex}(V_2 - V_1)$

（不可逆変化で P_{ex} は外圧。不可逆＝一定外圧に対する＝定圧下）

$$\tag{2.17}$$

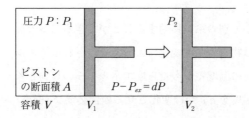

図 2.1 圧力-容積（PV）仕事

2.2 状態とエネルギー：熱力学第一法則

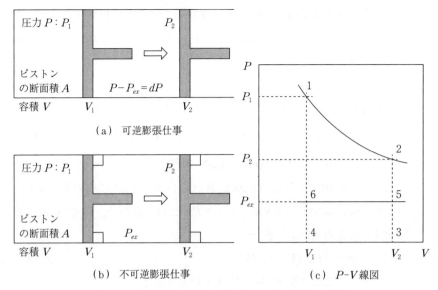

(a) 可逆膨張仕事

(b) 不可逆膨張仕事

(c) P-V線図

図 2.2 容積変化の仕事：可逆変化と不可逆変化の仕事

ここで，気体の膨張・圧縮（体積変化）を考えた場合，推進力は圧力差である．すなわち，系の内圧 $P_{in} = P$ と外圧 P_{ex} との圧力差が推進力となる．特に

　　有限の差（すなわちマクロな差）を ΔP

　　無限小の差（すなわちミクロな差）を dP

とすると

$\Delta P = P - P_{ex}$ 　あるいは　 $P = P_{ex} \pm \Delta P$ 　⇒　不可逆膨張・圧縮

$dP = P - P_{ex}$ 　あるいは　 $P = P_{ex} \pm dP$ 　⇒　可逆膨張・圧縮

　　　　　　　　　　（±の＋は膨張の場合，－は圧縮に対応）

となる．系が外界からなされる仕事を w とすると，体積変化の仕事は

$$\delta w = -P_{ex} dV \tag{2.18}$$

となる．簡単に考えるために，膨張だけに限定すると

$$P_{ex} = P - \Delta P \quad (不可逆膨張) \tag{2.19}$$

$$P_{ex} = P - dP \quad (可逆膨張) \tag{2.20}$$

となり，系の圧力が P_1 から P_2 に変化したときに体積が V_1 から V_2 に変化する。さらに，不可逆膨張では $P_{ex}=P_2$ とおくことができ，P_2 に対して一気に膨張するので

$$\delta w = -P_2 dV \tag{2.21}$$

式 (2.21) を V_1 から V_2 まで積分すると，「$P_2=$ 一定」なので

$$w = -\int P_2 dV = -P_2(V_2-V_1) \quad (=P_{ex}(V_2-V_1)) \tag{2.22}$$

$$\Rightarrow \quad |w_{ir}| = 図2.2(c)の6534の面積$$

となる。可逆膨張では式 (2.20) において「$dP=$ 無限小」なので「$dP=0$」と考えてもよい。すなわち，「$P_{ex}=P$」とおけるので，V_1 から V_2 に変化するときの微小な仕事 δw は

$$\delta w = -P_{ex}dV = -PdV \tag{2.23}$$

となる。式 (2.23) を V_1 から V_2 まで積分すると

$$w = -\int PdV \tag{2.24}$$

$$\Rightarrow \quad |w_r| = 図2.2(c)の1234の面積$$

となる。これらより，後述するが

$$|w_r| > |w_{ir}| \tag{2.25}$$

となる。

【演習 1】 以下の問に答えなさい。
(1) 0.250 mol の理想気体が 350 K で 2.00 L から 4.00 L に膨張するときになされる仕事 w を計算しなさい。
(2) 0.250 mol のある気体が 350 K で 2.00 L から 4.00 L に膨張するときになされる仕事 w を計算しなさい。ただし，この気体はファンデルワールスの状態方程式に従うとし，この定数は $a=14.7\,\mathrm{L^2\cdot bar/mol^2}$ および $b=0.123\,\mathrm{L/mol}$ とする（p.80 参照）。
(3) 298 K，5.0 L の理想気体 1.00 mol が，1.0 atm の外圧に対して不可逆的定温膨張した。系が行った仕事 w_{ir} を求めなさい。

【演習 2】 理想気体 1 mol を 15 atm から 1 atm まで，つぎの方法で定温的に膨張させたときの仕事 w を計算しなさい。
(1) 1 段階で，1 atm の一定外圧に逆らって 15 atm から 1 atm まで膨張さ

2.2 状態とエネルギー：熱力学第一法則

せた場合。
(2) 3段階で膨張を行い，第1段階では10 atmの一定外圧に逆らって15 atmから10 atmまで，第2段階では5 atmの外圧に逆らって10 atmから5 atmまで，第3段階では1 atmの外圧に逆らって5 atmから1 atmまで膨張させた場合。
(3) 外圧と内圧を無限小差に保ち，無限小のステップ，すなわち可逆的に15 atmから1 atmまで膨張させた場合。

2.2.2 内部エネルギー

エネルギーとは物質の仕事をする能力であり，熱 q および仕事 w もエネルギーの一つの形態である。**内部エネルギー** U は一定の状態量（温度 T，圧力 P など）が与えられたときのエネルギーであり，物体の運動エネルギーおよび位置エネルギーを除く物質に含まれるエネルギーである。さらに，系を構成する原子，分子のエネルギーの総和であり，系の置かれた状態によって U は確定される。例えば，図2.3のように二つの状態AおよびBでの内部エネルギー（U_A および U_B）と状態変化A→Bにおいての二つの経路 l および l' において

l：熱量 q_1，仕事量 w_1　　および　　l'：熱量 q_1'，仕事量 w_1'

とした場合の U の変化量 ΔU は

$$\Delta U = U_B - U_A = q_1 + w_1 = q_1' + w_1' \tag{2.26}$$

となり，式(2.26)の関係はA→Bの ΔU を積分した値は積分の道筋によらないことを意味する（積分の値が道筋によらない微分量を「完全微分」という）。さらに，経路 l' の逆を $-l'$ とすると，変化の経路 $l+(-l')$ は，A→B→Aの循環過程より，式(2.27)のように表される。

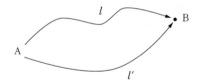

図2.3　二つの状態AおよびBでの内部エネルギー（U_A および U_B）とその経路 l および l'

14　2. 熱　力　学

$$\int_l dU + \int_{-l'} dU = \oint_{l+(-l')} dU = 0 \tag{2.27}$$

これより，循環過程に対して状態量 U の変化の総和は零であり，**エネルギー保存則**が成り立つのである。

【演習1】　以下の問に答えなさい。
(1)　「落差が 40 m の滝では，滝の上の水に比べ，滝の下の水のほうが暖かい。落下による温度の上昇 ΔT を見積もりなさい。なお，1 mol (0.018 kg) の水の熱容量を 80 J/(K·mol)，重力の加速度を 9.8 m/s とする。
(2)　蒸気機関を人や物を持ち上げるために用いる場合，50 kg の女性を 4.0 m 持ち上げるための 125℃ で必要な加熱蒸気モル数 n を求めなさい。

2.2.3　熱力学第一法則

前項で述べたこと（エネルギー保存則）は熱力学第一法則を示しており，孤立系，閉じた系および開いた系について**熱力学第一法則**をまとめるとつぎのようになる。

孤立系での表現は，「宇宙（孤立系）のエネルギーは一定」ということを1章で述べたが，この表現は

　「　孤　立　系　で起こったすべてのエネルギー変化の代数和は零」
　　（→ 循環過程）　　　　（→ 状態量 U の変化）（→ 総和）
　≡式(2.27)　（第一法則の数学的表現）

となり，さらに

　「熱はその本質において仕事と同じくエネルギーの変化しつつある形態の一つであり，熱と仕事は系の内部エネルギーと等価的に変換され，全エネルギーは常に保存される」

$$\equiv\ dU = \delta q + \delta w \quad \text{（第一法則の数学的表現）} \tag{2.28}$$

と換言できる。また，「宇宙（孤立系）のエネルギーは一定」という表現を

　「孤立系では系と外界の間に物質のみならずエネルギーの授受がない」

≡　$\delta q = \delta w = 0$ より，$dU = 0$ すなわち $U = $ 一定　　　(2.29)

のようにも記述できる。

つぎに，閉じた系での表現は，「(孤立系のエネルギーは一定に保たれ，) 閉じた系のエネルギーは外界との間で交換される熱および仕事の分だけ増減する」となり，開いた系での表現は**図2.4**に示されるようになる。

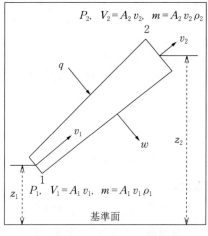

図2.4　開いた系での検討：開いた系でのエネルギー収支

【演習1】 下記の空欄a〜cに適切な語句，式などを示しなさい。

「(a)は，その本質において仕事と同じくエネルギーの変化しつつある形態の一つであり，(a)と仕事は系の(b)と等価的に変換され，全エネルギーはつねに保存される」というのが，熱力学第一法則の定義であり，この数学的表現は式(c)として表される。

2.2.4　エンタルピー

エンタルピー H は「内部エネルギー U と圧力-容積 (PV) 仕事を同時に含む量」で，数学的には

$$H \equiv U + PV \tag{2.30}$$

と示される。ここで，U, PおよびVが状態量なのでHも状態量である。また，開いた系での表現と式(2.30)を合わせた形で示すと

$$dH = \delta q + \delta w \tag{2.31}$$

と記述することもできる。

【演習1】 100℃，0.1013 MPa において，純水の 1.0 kg が蒸発するとき，系に熱量 3.000×10^6 J を加えた。この場合の内部エネルギー変化 ΔU，およびエンタルピー変化 ΔH を求めなさい。なお，この条件において，水の液体および気体の状態における比容（単位質量の物質が占める容積）は，それぞれ 1.043×10^{-3} m³/kg および 1.673 m³/kg とする。

【演習2】 理想気体を一定の体積の下で加熱した場合，加熱が一定圧力の下で行われていなくても，エンタルピー変化は式①で導かれることを示しなさい。

$$dH = C_P\, dT \tag{①}$$

2.2.5 状態量（状態関数）とその関連する数学

〔1〕 斉次式と状態量（状態関数）　化学で扱う基本的な量の多くは**斉次式**で表される。重要な関係式を導く際に役立ち，熱力学の分野において威力を発揮する。ここで，**状態量**（すなわち，**状態関数**）とは，系を放置しておいても性質が変化しないとき，その系は平衡状態にあり，平衡状態にある系は一定の物理量を示し，これを状態量（状態関数）ともいう。状態量（状態関数）は，(a) **示強的性質（示強性）**の量：物質の量に無関係な状態量（状態関数），例として温度，圧力，密度などと，(b) **示量的性質（示量性）**の量：物質の量に比例する状態量（状態関数），例として質量，体積，内部エネルギー，エンタルピー，エントロピー，熱容量，自由エネルギーなど，に分類される。ここで，示強的性質（示強性）の量と示量的性質（示量性）の量を区別すると，(a)の示強的性質（示強性）の量は，その物質の性質を規定する"内在的な"量で，物質の量（例：分子の数）には依存しない。そのため，斉次式ではモル数 n について 0 次斉次式（式(2.32)）となり

$$f(n) = a \tag{2.32}$$

これに対して，(b)の示量的性質（示量性）の量は，物質の量そのものに依存する。そのため，モル数 n について 1 次斉次式 (2.32) となる。

$$f(n) = an \tag{2.33}$$

〔2〕**陰関数と陽関数**　陰関数とは，$z = g(x, y)$ のような陽な（明示的な）従属関係（これを陰関数に対して陽関数という）で表されないような関数関係をいい，陰関数は一般に関数の零点として $f(x, y) = 0$（あるいは，$f(x, y, z) = 0$）のような形式で与えられる。すなわち，陰関数の関係は二つ以上の変数 $x, y, \cdots$ が $f(x, y, \cdots) = 0$ という関係で結ばれているとき，$x, y, \cdots$ はたがいに陰の関係にあるという。さらに，陰関数でない関数を**陽関数**という。例えば，$f(P, V, T) = 0$ は陰関数表示であるが，一般に理想気体の状態方程式を考えた場合

$$PV = RT \quad (n=1) \quad \rightarrow \quad f(P, V, T) = PV - RT = 0 \tag{2.34}$$

のような表記では陰関数表示となる。しかしながら，$V = g(P, T)$ のような陽関数表示も可能であり，理想気体の状態方程式を考えた場合

$$PV = RT \quad (n=1) \quad \rightarrow \quad V = g(P, T) = \frac{RT}{P} \tag{2.35}$$

とも表示できる。

〔3〕**偏 導 関 数**　z が変数 x と y に対して関数 $z = f(x, y)$ の関係にあるとき，この関係式をグラフに表すためには，**図 2.5** に示したような 3 次元グラフにしなければならない。z が変数 x と y の関数であることを明確にさせるため，グラフの曲面に二つの切り口を示した。一つは x を x_1 に保つ場合に対応し，もう一つは y を y_1 に保つ場合に対応する。このように変数の一つを一定に保つと，2 変数の関数のグラフを描く問題は，本質的に 1 変数の関数のグラフを平面上に表す問題に帰着できる。二つの曲線 $f(x, y_1)$ と $f(x_1, y)$ は点 $z_1 = f(x_1, y_1)$ で交わるので，点 z_1 における傾きはそれぞれの変数について求められる。y を一定値 y_1 に保つと x に関する傾きが求められ，これは y を一定に保つときの x に関する z

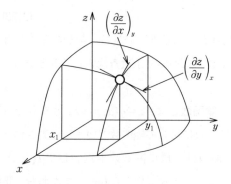

図 2.5 3次元グラフと偏導関数の考え方

の **偏導関数** であり,次式で表される。

$$\left(\frac{\partial z}{\partial x}\right)_y = \lim_{\Delta x \to 0} \frac{f(x_1 + \Delta x, y_1) - f(x_1, y_1)}{\Delta x} \tag{2.36}$$

同様に,x を一定に保つときの y に関する z の偏導関数も,次式で表される。

$$\left(\frac{\partial z}{\partial y}\right)_x = \lim_{\Delta y \to 0} \frac{f(x_1, y_1 + \Delta y) - f(x_1, y_1)}{\Delta y} \tag{2.37}$$

実際の微分は通常と同じであり,違いは独立な変数が二つあることだけである。

一方の変数に関する微分を求めるときには他方の変数は定数とみなしてしまえばよい。なお,独立な変数が三つ以上になる場合も同様である。

〔4〕 **偏微分と全微分**　前述の〔3〕を考慮してもう一度考えることにする。微分を関数 $y = f(x)$ において考えた場合,$dy = f'(x)dx$ となり,dy を $y = f(x)$ の微分,dx を x の微分と考えることができる。その際,① $\dfrac{dy}{dx}$ は $y = f(x)$ の導関数であり,② dy および dx はそれぞれ単独でも一つの変数のように取り扱うことができる。これに対して,微分を関数 $z = f(x, y)$ において考えた場合

$$dz = f_x(x, y)dx + f_y(x, y)dy = \left(\frac{\partial f}{\partial x}\right)_y dx + \left(\frac{\partial f}{\partial y}\right)_x dy \tag{2.38}$$

となるので,右辺の各項 $\left(\left(\dfrac{\partial f}{\partial x}\right)_y dx,\ \left(\dfrac{\partial f}{\partial y}\right)_x dy\right)$ を (x, y) の **偏微分**,これ

らを合わせた右辺(全体)は (x, y) の**全微分**である。その際, ① ∂ は「ラウンド・ディー(round d)」と読み, ② 偏微分の和が全微分であり, ③ $\dfrac{\partial f}{\partial x}$ および $\dfrac{\partial f}{\partial y}$ がそれぞれ偏微分係数(関数とした場合は偏導関数)であり, ④ ∂x および ∂y はそれぞれ単独では一つの変数のように取り扱うことはできず, 偏微分係数 $\left(\dfrac{\partial f}{\partial x}, \dfrac{\partial f}{\partial y}\right)$ として振る舞うことになる。

〔5〕 **偏導関数の性質** 1変数の導関数に対して成り立つ性質の多くは, 偏導関数に対しても同様に成り立つ。すなわち, ① 偏導関数が 0 でなければ逆数が存在し, $\left(\dfrac{\partial z}{\partial x}\right)_y = \dfrac{1}{(\partial x/\partial z)_y}$ が成り立つ。② 高次微分も存在し, $\left(\dfrac{\partial}{\partial x}\left(\dfrac{\partial z}{\partial x}\right)_y\right)_y \equiv \left(\dfrac{\partial^2 z}{\partial x^2}\right)_y$ となる。③ 多変数の場合, 異なる変数の微分が混じった高次微分も存在し, $\left(\dfrac{\partial}{\partial y}\left(\dfrac{\partial z}{\partial x}\right)_y\right)_x$ となる。④ ほとんどの場合, $\dfrac{\partial^2 z}{\partial x \partial y}$ と $\dfrac{\partial^2 z}{\partial y \partial x}$ は連続な関数であるので, 微分順序は問題にならないので

$$\frac{\partial^2 z}{\partial y \partial x} = \frac{\partial^2 z}{\partial x \partial y} \tag{2.39}$$

の関係が成立する。

偏導関数に関するさらなる重要な性質は, 全微分

$$dz = \left(\frac{\partial z}{\partial x}\right)_y dx + \left(\frac{\partial z}{\partial y}\right)_x dy \tag{2.40}$$

から導かれる。すなわち, ⑤ y を定数とみなして他のある変数 u に関する z の変化を考えると, 次式の関係が得られる。

$$\left(\frac{\partial z}{\partial u}\right)_y = \left(\frac{\partial z}{\partial x}\right)_y \left(\frac{\partial x}{\partial u}\right)_y \tag{2.41}$$

式(2.41)は, $dy=0$ 条件下で式(2.40)を du で割ったものである(一般には微分は単純な代数量でないので式の変形には注意を要する)。さらに, 式(2.41)は微分の連鎖法則を偏導関数に適用した形である。これより, ⑥ 式(2.40)から z を一定に保って y を微小量変化させると $0 = \left(\dfrac{\partial z}{\partial x}\right)_y \left(\dfrac{\partial x}{\partial y}\right)_z + \left(\dfrac{\partial z}{\partial y}\right)_x$

となり，これに①の関係を用いると $\left(\dfrac{\partial z}{\partial x}\right)_y \left(\dfrac{\partial x}{\partial y}\right)_z = -\left(\dfrac{\partial z}{\partial y}\right)_x = -\dfrac{1}{(\partial y/\partial z)_x}$ となり，最終的に

$$\left(\dfrac{\partial x}{\partial y}\right)_z \left(\dfrac{\partial y}{\partial z}\right)_x \left(\dfrac{\partial z}{\partial x}\right)_y = -1 \tag{2.42}$$

となる。この式は非常に重要な公式で，(a) x, y, z の間の関数関係にかかわらず成立（循環則）し，(b) x, y, z の導関数を含む式を簡単にするときに用いられる。一般に，熱力学における状態は二つ以上の独立変数の関数（例えば，P, V, T）なので，それらの関係を表す数学的な手法を考える必要がある。多くの熱力学の問題では独立変数は二つだけで（例えば，$V=f(P, T)$），三つ以上の独立変数を含む場合への拡張は一般に簡単である。

そこで，熱力学への応用Aとして，$V=f(P, T)$ の全微分は次式となる。

$$dV = \left(\dfrac{\partial V}{\partial P}\right)_T dP + \left(\dfrac{\partial V}{\partial T}\right)_P dT \tag{2.43}$$

熱力学への応用Bとして，変換式（問題の数値解を計算するのに必要となる導関数の値を求める簡単な実験方法が存在しないことがあり，その場合，偏導関数を変形して容易に得られる他の量と関係づける）において，前述の偏導関数の性質①〜⑥を駆使する。

陰関数の微分を考慮すると（〔2〕で学んだ陰関数の関係を考える），陰関数の関係：二つ以上の変数 x, y, $\cdots$ が $f(x, y, \cdots)=0$ という関係で結ばれているとき，x, y, $\cdots$ はたがいに陰の関係にあるという。この場合には，1変数をあえて残りの変数の陽関数として解く必要はなく，全微分を応用すれば容易に微分係数を求められる。例えば，$f(x, y)=0$ の場合，$df = f_x dx + f_y dy = 0$ となるので

$$\dfrac{dy}{dx} = -\dfrac{f_x}{f_y} = -\dfrac{(\partial f/\partial x)_y}{(\partial f/\partial y)_x} \tag{2.44}$$

となる。さらに，$f(x, y, z)=0$ の場合，$df = f_x dx + f_y dy + f_z dz = 0$ となるので

x が一定のとき，$dx=0$ $\Rightarrow$ $\left(\dfrac{\partial y}{\partial z}\right)_x = -\dfrac{(\partial f/\partial z)_{xy}}{(\partial f/\partial y)_{xz}}$

y が一定のとき，$dy=0$ $\Rightarrow$ $\left(\dfrac{\partial z}{\partial x}\right)_y = -\dfrac{(\partial f/\partial x)_{yz}}{(\partial f/\partial z)_{xy}}$

z が一定のとき，$dz=0$ $\Rightarrow$ $\left(\dfrac{\partial x}{\partial y}\right)_z = -\dfrac{(\partial f/\partial y)_{xz}}{(\partial f/\partial x)_{yz}}$

これら三つの式の積をとると

$$\left(\dfrac{\partial y}{\partial z}\right)_x \left(\dfrac{\partial z}{\partial x}\right)_y \left(\dfrac{\partial x}{\partial y}\right)_z$$
$$=\left\{-\dfrac{(\partial f/\partial z)_{xy}}{(\partial f/\partial y)_{xz}}\right\}\left\{-\dfrac{(\partial f/\partial x)_{yz}}{(\partial f/\partial z)_{xy}}\right\}\left\{-\dfrac{(\partial f/\partial y)_{xz}}{(\partial f/\partial x)_{yz}}\right\}$$
$$=-1 \quad (\text{循環則}) \tag{2.45}$$

となる。さらに，熱力学への応用Cとして，上記の循環則における x，y，z を状態方程式の P，V，T（$f(P, V, T)=0$）に置き換えると式(2.46) となる。

$$\left(\dfrac{\partial V}{\partial T}\right)_P \left(\dfrac{\partial P}{\partial V}\right)_T \left(\dfrac{\partial T}{\partial P}\right)_V = -1 \tag{2.46}$$

〔6〕 **完全微分と不完全微分：オイラーの完全条件（または相反関係）**

$$dz = f_x(x, y)dx + f_y(x, y)dy = \left(\dfrac{\partial f}{\partial x}\right)_y dx + \left(\dfrac{\partial f}{\partial y}\right)_x dy \tag{2.47}$$

は，一般形として関数 $z=f(x, y)$ において

$$dz = M(x, y)dx + N(x, y)dy \tag{2.48}$$

（なお，$M(x, y) = \left(\dfrac{\partial f}{\partial x}\right)_y$，$N(x, y) = \left(\dfrac{\partial f}{\partial y}\right)_x$ …式(2.49)）と表される。

ここで，式(2.48) の関係が成立する場合，式(2.49) と $\dfrac{\partial^2 f}{\partial y \partial x} = \dfrac{\partial^2 f}{\partial x \partial y}$ …(2.50) の関係より

$$\left(\dfrac{\partial M}{\partial y}\right)_x = \left(\dfrac{\partial N}{\partial x}\right)_y = \dfrac{\partial^2 f}{\partial x \partial y} \tag{2.51}$$

が成立する（完全微分に対応）。これを逆に考えると，式(2.27) のような形の方程式があり，式(2.51) の関係が成立するならば，$z=f(x, y)$ の

ような一定の形が得られる。すなわち，式 (2.48) が与えられたとき，式 (2.51) の関係が成立するのならば完全微分であり，不成立ならば不完全微分である。これは**オイラー**（Euler）**の完全条件**（または**相反関係**）という。熱力学において，この条件を満足する（≡完全）ならば状態関数（状態量）P, V, T, U, H, S, G, A となり，不満足（≡不完全）ならば状態関数（状態量）ではない q, w となる。

さらに，熱力学への応用 D として，系に与えられる容積変化の仕事

$$\delta w = -PdV \tag{2.52}$$

が完全微分か，不完全微分かを考える。物質の体積 V が絶対温度 T と圧力 P の関数であるとは，数学的に $V = f(T, P)$ …(2.53) で表され，式 (2.53) の (T, P) の全微分は $dV = \left(\dfrac{\partial V}{\partial T}\right)_P dT + \left(\dfrac{\partial V}{\partial P}\right)_T dP$ …(2.54) となる。式 (2.54) を式 (2.52) に代入すると $\delta w = -P\left(\dfrac{\partial V}{\partial T}\right)_P dT - P\left(\dfrac{\partial V}{\partial P}\right)_T dP$ …(2.55) となり，状態 1 (T_1, P_1) から状態 2 (T_2, P_2) までの仕事 $(w_{1 \to 2})$ は式 (2.56) となる。

$$w_{1 \to 2} = -\int_{T_1}^{T_2} P\left(\dfrac{\partial V}{\partial T}\right)_P dT - \int_{P_1}^{P_2} P\left(\dfrac{\partial V}{\partial P}\right)_T dP \tag{2.56}$$

式 (2.55) の被積分関数 $P\left(\dfrac{\partial V}{\partial T}\right)_P$（$= M(T, P)$）および $P\left(\dfrac{\partial V}{\partial P}\right)_T$（$= N(T, P)$）において

$$\dfrac{\partial M}{\partial P} = \left[\dfrac{\partial}{\partial P}\left\{P\left(\dfrac{\partial V}{\partial T}\right)_P\right\}\right]_T = \left(\dfrac{\partial V}{\partial T}\right)_P + P\dfrac{\partial^2 V}{\partial T \partial P}$$

$$\neq P\dfrac{\partial^2 V}{\partial P \partial T} = \left[\dfrac{\partial}{\partial T}\left\{P\left(\dfrac{\partial V}{\partial P}\right)_T\right\}\right]_P = \dfrac{\partial N}{\partial T} \tag{2.57}$$

となり，オイラーの完全条件は不成立となるので，不完全微分である。または，$dw = -PdV$ であり $V = \dfrac{RT}{P}$ なので

$$dV = \left(\dfrac{\partial V}{\partial T}\right)_P dT + \left(\dfrac{\partial V}{\partial P}\right)_T dP = \left(\dfrac{R}{P}\right) dT - \left(\dfrac{RT}{P^2}\right) dP$$

となる。これらより

$$-dw = RdT - \frac{RT}{P}dP$$

この式の右辺はオイラーの完全条件を満たさないので，次式の関係となる。

$$\left(\frac{\partial R}{\partial P}\right)_T = 0, \quad \left(\frac{\partial}{\partial T}\frac{RT}{P}\right)_P = \frac{R}{P}$$

【演習1】 系に与えられる容積変化の仕事 δw は，式①で表される。この δw が不完全微分であることを示しなさい。

$$\delta w = -PdV \tag{①}$$

【演習2】 以下の問に答えなさい。
(1) 仕事の微分 dw が不完全であることを示しなさい。
(2) 仕事 w の値が経路に依存することを示しなさい。

2.2.6 状態変化とその過程

過程とは状態変化の生じる経路のことで，独立変数の状態量により種々の過程（定容，定圧，定温，断熱などの過程）が存在する。この状態変化とその過程においては一般に理解を深めやすくするために理想気体を考えるが，その際につぎの二つのこと（(a), (b)）を理解しておくとよい。(a) 理想気体なので，その状態方程式が成立する。

$$PV = nRT \tag{2.58}$$

(b) ジュール（Joule）の実験（**図2.6**）に基づく，**ジュールの法則**「理想気体の U および H は T のみの関数，P や V の関数ではない」に従

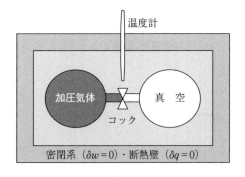

図2.6 ジュールの実験装置

う。ジュールの実験の結果より

$$\left(\frac{\partial U}{\partial V}\right)_T = \left(\frac{\partial H}{\partial V}\right)_T = 0 \quad \text{および} \quad \left(\frac{\partial U}{\partial P}\right)_T = \left(\frac{\partial H}{\partial P}\right)_T = 0 \quad (2.59)$$

の関係が得られる。この二つのことを了解して考えてもらいたい。

定容過程とは，系の容積が一定に保たれている過程（$dV=0$ または $V=$ 一定）である。定容過程の条件である

$$\delta w = -f \cdot dr = -PA\frac{dV}{A} = -PdV = 0$$

から（熱力学）第一法則の式は

$$\underline{dU = \delta q} \quad 〈定容過程〉 \tag{2.60}$$

となり，系に供給される熱はすべて U の変化になって，熱量は U の変化より求められることがわかる。さらに**定容熱容量** $C_V = \left(\frac{\partial q}{\partial T}\right)_V$ を考慮すると

$$(dU)_V = (\delta q)_V = C_V dT \tag{2.61}$$

となり，状態 $1 \to 2$ の変化は式 (2.62) から求められる。

$$(\Delta U)_V = (q)_V = \int_{T_1}^{T_2} C_V dT \tag{2.62}$$

つぎに，**定圧過程**とは，系の圧力が一定に保たれている過程（$dP=0$ または $P=$ 一定）である。(a) 加熱（δq）により U 増加と系の膨張による仕事 PdV と第一法則を考慮すると $\delta q = dU + PdV$ となり，(b) P 一定で H の定儀式を考慮すると

$$\underline{\delta q = d(U+PV) = dH} \quad 〈定圧過程〉 \tag{2.63}$$

が得られ，熱量は H の変化より求められる。さらに定容条件では定容熱容量を用いたが，定圧条件においては**定圧熱容量** $C_P = \left(\frac{\partial q}{\partial T}\right)_P$ を考慮すると

$$(dH)_P = (\delta q)_P = C_P dT \tag{2.64}$$

の関係が得られ，状態 $1 \to 2$ の変化は式 (2.65) から求められる。

$$(\Delta H)_P = (q)_P = \int_{T_1}^{T_2} C_P dT \tag{2.65}$$

2.2 状態とエネルギー：熱力学第一法則

ここで，定容および定圧過程の対応を考えると興味深い対応関係にある（例えば，式(2.62)と式(2.65)）。

定温過程とは，系の温度が一定に保たれる過程（$dT=0$ または $T=$ 一定）であり，(a) 系が理想気体なので，ジュール則より U は T のみの関数となり，$dU=0$〈理想気体〉の関係があり，(b) H の定義より $(dH)_T = [dU + d(PV)]_T = [dU + d(nRT)]_T = 0$〈理想気体〉となり，さらに(c) 第一法則と $\delta w = -f \cdot dr = -PA\dfrac{dV}{A} = -PdV$ の関係により

$$\delta q = -\delta w = +PdV \quad \langle 定温過程 \rangle \tag{2.66}$$

の関係が得られ，$PV = nRT = K$（一定）より

$$(\delta q)_T = -(\delta w)_T = +nRT\dfrac{dV}{V} \tag{2.67}$$

となり，状態 1 → 2 の変化は式(2.68)のようになる。

$$(q)_T = -(w)_T = +nRT\int_{V_1}^{V_2}\dfrac{dV}{V} = nRT\ln\dfrac{V_2}{V_1} = nRT\ln\dfrac{P_1}{P_2} \tag{2.68}$$

最後に，**断熱過程**とは，系と外界の間に熱の授受がない過程（$\delta q = 0$）であり，第一法則と $\delta w = -f \cdot dr = -PA\dfrac{dV}{A} = -PdV$ の関係により

$$dU = +\delta w = -PdV \tag{2.69}$$

となり，w は U の変化により求められる。さらに状態 1 → 2 の変化は式(2.70)より求められる。

$$(\Delta U)_A = +(w)_A = -\int_{V_1}^{V_2}PdV \tag{2.70}$$

各過程をまとめると，**表2.2**のようになる。

つぎにポリトロープ過程とは，$PV^\delta = K$（一定）の経路を表す過程で

表2.2 各過程のまとめ

過　程	操 作 条 件
定温（定圧）	温度 T 一定，熱 q の出入りあり
断熱	温度 T 変化，熱 q の出入りなし
定容（定積）	体積 V 一定
定圧	圧力 P 一定

あり，上記の四つの過程もその中に含まれる（**図2.7**）。一般形としては
$$PV^m = K \quad (一定) \tag{2.71}$$
として表され

$$m = \begin{cases} 0 & \langle 定圧過程 \rangle \\ 1 & \langle 定温過程 \rangle \\ \gamma & \langle 断熱過程 \rangle \\ \infty & \langle 定容過程 \rangle \end{cases} \quad (これらの中間も存在)$$

として四つの過程は表される。また注意書きのように，これらの中間も存在するのである。なお

$$PV^\delta = K \quad (一定) \quad (通常, 1 < \delta < \gamma) \tag{2.72}$$

の経路を表す過程を**ポリトロープ過程**という。系の状態 $1 \to 2$ の変化において (a) $PV = nRT$，および (b) 式(2.72) を考慮すると

$$\frac{P_1}{P_2} = \left(\frac{V_1}{V_2}\right)^{-\delta} \quad および \quad \frac{T_1}{T_2} = \left(\frac{V_1}{V_2}\right)^{1-\delta} = \left(\frac{P_1}{P_2}\right)^{\frac{\delta-1}{\delta}} \tag{2.73}$$

となる。さらに状態 $1 \to 2$ の膨張による仕事は

$$w = -\int_{V_1}^{V_2} P dV = \frac{R(T_2 - T_1)}{\delta - 1} = \frac{P_2 V_2 - P_1 V_1}{\delta - 1} \tag{2.74}$$

と示すことができる。

なお循環過程（サイクル変化）の一例を**図2.8**に示し，詳細は例題

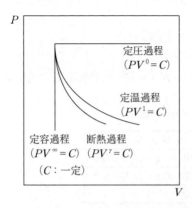

図2.7　P-V図と各過程

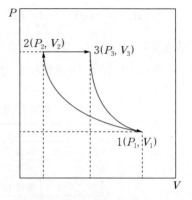

図2.8　サイクル変化の一例

2.2 状態とエネルギー：熱力学第一法則

で対応する．また前述のとおり，各過程のまとめを表2.2に示したので参照されたい．

【演習1】 (a) 断熱過程，(b) 定圧過程，(c) 定容過程，からなるサイクルを考えたとき理想気体では

$$C_P - C_V = nR$$

となることを，それぞれについて示しなさい．

【演習2】 理想気体 2 000 mol を 1.0 MPa および 373 K の状態より，可逆的に膨張させて 0.1 MPa にする．この過程を，(a) 定温過程，(b) 断熱過程，により行うとき，それぞれの系のなす仕事 w を求めなさい．なお，定圧および定容モル熱容量 $C_{P,m}$ および $C_{V,m}$ は，それぞれ 29.3 および 20.9 kJ/(kmol·K) であり，各過程において一定である．

【演習3】 300 K, 2.0 atm の理想気体 1.0 mol を断熱可逆膨張させ，体積を 3.0 倍にする．最終の圧力 P および温度 T を求めなさい．なお，定容モル熱容量 $C_{V,m}$ は 20.8 J/(mol·K) である．

【演習4】 (1)～(4) の条件付きの各式について，(A) 日本語での命題（条件はそのままの記載でよい）を示し，(B) それぞれを証明しなさい．
 (1) 定容過程において，$q = \Delta U$
 (2) 定圧過程において，$q = \Delta H$
 (3) 理想気体を真空へ断熱膨張させた場合，$dT = 0$
 (4) 気体を真空へ断熱膨張させた場合，$\Delta U = 0$

【演習5】 理想気体 2 mol が本文中の図 2.8 に示すサイクル変化のような三つの可逆過程を経て最初の状態に戻った場合，(A) この各過程における仕事 w，熱 q，内部エネルギー変化 ΔU およびエンタルピー変化 ΔH を求めなさい．(B) (A) の結果より，全サイクルでの w, q, ΔU および ΔH を求めなさい．なお，定容および定圧モル熱容量 $C_{V,m}$ および $C_{P,m}$ は，それぞれ $\frac{3}{2}R$ および $\frac{5}{2}R$ である．さらに，三つの可逆過程の詳細はつぎの (1)～(3) である．
 (1) 343 K, 0.1 MPa の最初の状態から定温条件で，0.2 MPa まで圧縮する．
 (2) 定圧条件で，343 K から 452.6 K まで加熱する．
 (3) 断熱条件で，最初の状態に戻す．

2.2.7 熱容量とその諸性質

熱容量は「2.2.1 熱と仕事」で定義されたように

$$\delta q = CdT \tag{2.12}$$

$$\rightarrow \quad C = \frac{\delta q}{dT} \tag{2.12$'$}$$

となり，その系の温度を単位温度差だけ上昇させるのに必要な熱量であり，さらに系の大きさにより変化するのである。これらにはつぎのように

$$(体積一定の条件での)\ 定容熱容量：C_V = \left(\frac{\partial q}{\partial T}\right)_V = \left(\frac{\partial U}{\partial T}\right)_V \tag{2.75}$$

$$(圧力一定の条件での)\ 定圧熱容量：C_P = \left(\frac{\partial q}{\partial T}\right)_P = \left(\frac{\partial H}{\partial T}\right)_P \tag{2.76}$$

があり，**定容モル熱容量** $C_{V,m}$ または $\dfrac{C_V}{n}$，および**定圧モル熱容量** $C_{P,m}$ または $\dfrac{C_P}{n}$ に拡張できる。変化の過程と対応させると，定容熱容量および定圧熱容量は定容過程および定圧過程に対応する。定容過程において熱力学第一法則 $dU = \delta q + \delta w$ を考慮すると，定容過程 $dV = 0$ と熱量の定義 $\delta q = CdT$ から

$$C_V = \left(\frac{\partial U}{\partial T}\right)_V = \left(\frac{\partial q}{\partial T}\right)_V \tag{2.77}$$

となる（これは定容熱容量においては V を固定して U を T で偏微分している）。C_P も同様に考えると次式となる。

$$C_P = \left(\frac{\partial H}{\partial T}\right)_P = \left(\frac{\partial q}{\partial T}\right)_P \tag{2.78}$$

さらに，理想気体の熱容量は，(a) T のみの関数で P には無関係なもの，(b) 定圧モル熱容量 $C_{P,m}$ または $\dfrac{C_P}{n}$ で経験式である

$$\frac{C_P}{n} = a + bT + cT^2 \tag{2.79}$$

$$C_P = a + bT + \frac{c}{T^2} \tag{2.80}$$

で表されるもの（いろいろな経験式がある），などがある。**表2.3**に式(2.80)の例とその係数値（a, b, c など）を示す。

表 2.3 理想気体の低圧熱容量（式(2.59)対応）[7]

気 体	a	$b \times 10^{+3}$	$c \times 10^{-5}$
He, Ne, Ar	20.78	0	0
H_2	27.28	3.26	0.50
O_2	29.96	4.18	-1.57
N_2	28.58	3.77	-0.50
CO_2	44.23	8.79	-8.62
CH_4	23.64	47.89	-1.92
H_2O	30.54	10.29	0

〔注〕 a 〔J/(K·mol)〕, b 〔J/(K·mol)〕, c 〔J·K·mol〕
$$C_P = a + bT + \frac{c}{T^2} \quad \text{〔J/(K·mol)〕}$$

また，熱容量の関係式には熱容量の差として表されるものがあり

$$C_P - C_V = nR \tag{2.81}$$

および

$$C_V = C_P - nR \tag{2.81}'$$

定容熱容量は定圧熱容量より求められる。さらにモル熱容量の差は

$$C_{P,m} - C_{V,m} = R \tag{2.81}''$$

と書ける。このような関係式を**マイヤー**（Mayer）**の関係式**といい，下記のような関係により導くことが可能である。熱力学第一法則の関係式 $dU = \delta q + \delta w = \delta q + (-PdV)$ において，熱量の定義 $(\delta q = CdT)$ を考慮すると $\delta q = C_P dT = dU + PdV$ となり，U の全微分 $dU = \left(\frac{\partial U}{\partial T}\right)_V dT + \left(\frac{\partial U}{\partial V}\right)_T dV$ を行うと

$$\delta q = C_P dT = \left(\frac{\partial U}{\partial T}\right)_V dT + \left(\frac{\partial U}{\partial V}\right)_T dV + PdV$$

$$= \left(\frac{\partial U}{\partial T}\right)_V dT + \left\{\left(\frac{\partial U}{\partial V}\right)_T + P\right\} dV$$

となり，ここで定圧過程（$dP=0$）において V は T のみの関数なので

$$dV = \left(\frac{\partial V}{\partial T}\right)_P dT + \left(\frac{\partial V}{\partial P}\right)_T dP = \left(\frac{\partial V}{\partial T}\right)_P dT$$

$$C_P dT = \left(\frac{\partial U}{\partial T}\right)_V dT + \left\{\left(\frac{\partial U}{\partial V}\right)_T + P\right\}\left(\frac{\partial V}{\partial T}\right)_P dT$$

となるので

$$\therefore \quad C_P = C_V + \left\{\left(\frac{\partial U}{\partial V}\right)_T + P\right\}\left(\frac{\partial V}{\partial T}\right)_P \quad 〈よく用いられる式〉 \tag{2.82}$$

が得られる。さらに理想気体なので $\left(\dfrac{\partial U}{\partial V}\right)_T = 0$ となり $PV = nRT$ は

$P\left(\dfrac{\partial V}{\partial T}\right)_P = nR \;\rightarrow\; \left(\dfrac{\partial V}{\partial T}\right)_P = \dfrac{nR}{P}$ まで変形できるので

$$C_P = C_V + nR \quad (\text{マイヤーの関係式}) \tag{2.81}$$

が得られる。

つぎに，内部エネルギー U およびエンタルピー H の温度依存性の式は状態 $1 \to 2$ の変化において，式 (2.83) および式 (2.84) となる。

$$\varDelta U = \int_{T_1}^{T_2} C_V dT \quad (V: 一定) \tag{2.83}$$

$$\varDelta H = \int_{T_1}^{T_2} C_P dT \quad (P: 一定) \tag{2.84}$$

さらに，関連する諸係数 γ, β, κ については

断熱係数 : $\gamma = \dfrac{C_P}{C_V}$ \hfill (2.85)

となり，理想気体での状態 $1 \to 2$ の変化において

① $\ln\dfrac{T_2}{T_1} = (\gamma-1)\ln\dfrac{V_1}{V_2} \;\rightarrow\; \dfrac{T_2}{T_1} = \left(\dfrac{V_1}{V_2}\right)^{\gamma-1}$ \hfill (2.85)′

② $\dfrac{T_1}{T_2} = \left(\dfrac{P_1}{P_2}\right)^{\frac{\gamma-1}{\gamma}}$ \hfill (2.85)″

③ $P_1 V_1^\gamma = P_2 V_2^\gamma$ \hfill (2.85)‴

のような関係がある。さらに定圧膨張率 β および定温圧縮率 κ においては

定圧膨張率 : $\beta = \dfrac{1}{V}\left(\dfrac{\partial V}{\partial T}\right)_P$ \hfill (2.86)

$$C_P - C_V = \beta V\left\{P + \left(\frac{\partial U}{\partial V}\right)_T\right\} \qquad (2.87)$$

$$= \beta VT\left(\frac{\partial P}{\partial T}\right)_V \qquad (2.87)'$$

定温圧縮率： $\kappa = -\dfrac{1}{V}\left(\dfrac{\partial V}{\partial P}\right)_T \qquad (2.88)$

$$\left(\frac{\partial P}{\partial T}\right)_V = -\frac{\left(\dfrac{\partial V}{\partial T}\right)_P}{\left(\dfrac{\partial V}{\partial P}\right)_T} = \frac{\beta}{\kappa} \qquad (2.89)$$

$$C_P - C_V = \frac{\beta^2}{\kappa}VT \qquad (2.90)$$

などの関係がある．（定圧）膨張率と（定温または等温）圧縮率については，相互に対応するような，つぎのような対応関係もある．（定圧）膨張率 β においては

$$\beta = \frac{1}{V}\left(\frac{\partial V}{\partial T}\right)_P \qquad (2.86)$$

より，圧力 P を一定にして温度 T の上昇に伴う体積 V の増加率と考えることができる．

$$T \rightarrow T + \Delta T$$
$$V \rightarrow V + \Delta V$$
$$P = P$$

また，（定温または等温）圧縮率 κ においては

$$\kappa = -\frac{1}{V}\left(\frac{\partial V}{\partial P}\right)_T \qquad (2.88)$$

より，温度 T を一定にして，圧力 P を増すときの体積 V の縮小率と考えられる．

$$P \rightarrow P + \Delta P$$
$$V \rightarrow V - \Delta V$$
$$T = T$$

さらに，熱容量と諸定数の関係については

$$C_P = C_V + \left\{\left(\frac{\partial U}{\partial V}\right)_T + P\right\}\left(\frac{\partial V}{\partial T}\right)_P \quad 〈よく用いられる式〉 \quad (2.82)$$

について，$\beta = \frac{1}{V}\left(\frac{\partial V}{\partial T}\right)_P$ からの $\left(\frac{\partial V}{\partial T}\right)_P = \beta V$ を考慮すると

$$\left.\begin{aligned} C_P - C_V &= \beta V\left\{P + \left(\frac{\partial U}{\partial V}\right)_T\right\} \\ \text{または} & \\ \left(\frac{\partial U}{\partial V}\right)_T &= \frac{1}{\beta V}(C_P - C_V) - P \end{aligned}\right\} \quad (2.87)''$$

となり，$\left(\frac{\partial U}{\partial V}\right)_T = T\left(\frac{\partial P}{\partial T}\right)_V - P$（2.3節で説明する）なので

$$C_P - C_V = \beta VT\left(\frac{\partial P}{\partial T}\right)_V \quad (2.87)'$$

となる。さらに，$dV = \left(\frac{\partial V}{\partial T}\right)_P dT + \left(\frac{\partial V}{\partial P}\right)_T dP$ で $V=$ 一定において $0 = dV = \left(\frac{\partial V}{\partial T}\right)_P dT + \left(\frac{\partial V}{\partial P}\right)_T dP$ となり，最終的に

$$\left(\frac{\partial P}{\partial T}\right)_V = -\frac{\left(\frac{\partial V}{\partial T}\right)_P}{\left(\frac{\partial V}{\partial P}\right)_T} = \frac{\beta}{\kappa} \quad (2.89)$$

となるので

$$C_P - C_V = \frac{\beta^2}{\kappa}VT \quad (2.90)$$

$$\frac{C_P}{C_V} = \gamma \quad （断熱係数） \quad (2.85)$$

のような内容のこともある。

さらに，定温過程と断熱過程の関係を図示すると **図 2.9** のようになり，つぎのような関係が得られる。定温過程（$dT=0$）において $dU=0$ なので，$\delta q = dU - (-PdV) = PdV = \frac{nRT}{V}dV$ となり

$$(q)_T = -(w)_T = +nRT\int_{V_1}^{V_2}\frac{dV}{V} = nRT\ln\frac{V_2}{V_1} = nRT\ln\frac{P_1}{P_2} \quad (2.68)$$

2.2 状態とエネルギー：熱力学第一法則

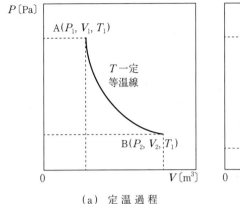
(a) 定温過程

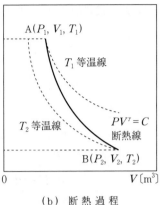
(b) 断熱過程

図 2.9 定温過程と断熱過程の関係

また，断熱過程 $(\delta q = 0)$ で 1 mol の理想気体では $\delta q = dU + PdV = C_V dT + \dfrac{RT}{V}dV = 0$ となり，1) 最後の等式を変数分離形にして全体を T で割ると $C_V \dfrac{dT}{T} + \dfrac{R}{V}dV = 0$ となり，2) R の置換を行ってマイヤーの関係式である $C_P = C_V + R$ から $R = C_P - C_V$ を考慮すると $C_V \dfrac{dT}{T} + (C_P - C_V)\dfrac{dV}{V} = 0$ となり，さらに 3) 全体を C_V で割って断熱係数 $\gamma = \dfrac{C_P}{C_V}$ を用いると $\dfrac{dT}{T} + (\gamma - 1)\dfrac{dV}{V} = 0$ となるので，つぎのような関係が得られる。

$$\int \frac{dT}{T} + (\gamma - 1)\int \frac{dV}{V} = \ln T + (\gamma - 1)\ln V = \ln T + \ln V^{\gamma-1}$$

$$= \ln(TV^{\gamma-1}) = \ln C_1 \quad (一定)$$

以上をまとめると

$$\left.\begin{array}{l} \underline{TV^{\gamma-1} = K'} \quad (一定) \\ \quad \downarrow \quad PV = RT \\ \quad \downarrow \quad \to \quad T = \dfrac{PV}{R} \\ \dfrac{PV}{R}V^{\gamma-1} = C_1 \\ \therefore \quad \underline{PV^{\gamma} = K} \quad (一定) \end{array}\right\} \textbf{ポアッソン（Poisson）の式} \quad (2.91)$$

が得られ，最終的につぎの関係が得られる．

$$(\Delta U)_A = +(w)_A = \int_{V_1}^{V_2} PdV = \int_{V_1}^{V_2} \frac{K}{V^\gamma}dV$$

さらに，$C_P = C_V + \left\{\left(\frac{\partial U}{\partial V}\right)_T + P\right\}\left(\frac{\partial V}{\partial T}\right)_P$ 〈よく用いられる式〉(2.82)

について考えるとつぎのようなことがわかる．この定圧熱容量の関係式はかなり複雑で，単純化すると

$$\delta q = C_P dT = dU + PdV$$
$$= d(U+PV) \quad (\because \ P=一定)$$
$$= dH \quad (\because \ H=U+PV)$$

となり，最終的に $dU=C_V dT$ および $dH=C_P dT$ から，それぞれ式 (2.83) および式 (2.84) の積分式が得られる．

【演習1】 理想気体において，$C_P - C_V = nR$ の式が成立することを示しなさい．

【演習2】 以下の問に答えなさい．
(1) 温度変化 ($T_1 \to T_2$) に伴う内部エネルギー変化 ΔU およびエンタルピー変化 ΔH が，それぞれ式 (a)，(b) で求められることを示しなさい．

$$\Delta U = n\int_{T_1}^{T_2} C_{V,m} dT \quad (V:一定) \tag{a}$$

$$\Delta H = n\int_{T_1}^{T_2} C_{P,m} dT \quad (P:一定) \tag{b}$$

(2) 1.0 mol の理想気体を 1.0 atm 定圧下で 293 K から 393 K まで加熱した．熱量 q，仕事 w，内部エネルギー変化 ΔU およびエンタルピー変化 ΔH を求めなさい．なお，定容モル熱容量 $C_{V,m}$ は 20.8 J/(K·mol) である．

【演習3】 以下の問に答えなさい．
(1) 定容でのある気体の熱容量の測定値は

$$C_V = 5.82 + 7.55 \times 10^{-2} T - 17.99 \times 10^{-6} T^2 \quad [J/(K \cdot mol)]$$

となる．定容下で 0.50 mol のこの気体を 27.0℃ から 63.0℃ に熱するときのエネルギー変化 U_V および吸収される熱 q_V を計算しなさい．

(2) 75℃ のある金属の試料 1.050 g を 25℃ の水 12.00 g 中に落とした．最終の温度は 25.14℃ となった．この金属の比熱（1 g 当りの熱容量 C_M

および熱容量（1 mol 当りの熱容量 $C_{M,m}$）を計算しなさい。なお，水の比熱 C_{H_2O} は 4.184 J/(K·g) で，この金属のモル質量は 207.2 である。

2.2.8 化学反応と熱変化

　化学反応において発熱と吸熱について考える。相変化のように系の物理的な集合状態に変化を生じた場合には熱変化も生じる。化学変化の場合も，化学反応とは分子・原子規模での集合状態の変化なので，化学反応により系に熱変化が生じる。その際の系に出入りする熱，すなわち反応熱には外界から（→）系における場合は**吸熱**であり，系から（→）外界における場合は**発熱**である。

$$\begin{cases} 外界 \to 系：吸熱（q_r > 0（吸熱反応））& (2.92) \\ 系 \to 外界：発熱（q_r < 0（発熱反応））& (2.93) \end{cases}$$

熱は変化の経路によって変化するので，反応熱は定容・定圧条件のように経路を指定すれば，U または H の変化として考えられる。このため，古くからボンベ型熱量計で熱量測定を行っている。

　つぎに上記のことを考慮して**ヘス（Hess）の法則**および**キルヒホッフ（Kirhnoff）の法則**について考えてみる。まずヘスの法則であるが，0.1013 MPa, 298.15 K (1 atm, 25℃) において安定に存在する元素のエンタルピー H を 0 と約束する。標準状態（1 atm）にある元素から種々な化合物を生成するためのエンタルピーを**標準生成エンタルピー ΔH_f^ϕ** という。そこで，ある化学反応 $n_A A + n_B B \to n_C C + n_D D$ の原系および生成系のすべての物質の ΔH_f^ϕ が求まれば，標準状態，298.15 K の反応エンタルピー ΔH_{298}^ϕ，すなわち，原系および生成系が 0.1013 MPa, 298.15 K である場合の標準反応熱を求めることができる。すなわち，ヘスの法則とは，任意の反応が一連の反応により分解して表示されるとき，その反応のエンタルピー変化は，それぞれ分解した反応のエンタルピー変化の和となる（熱量和一定）と考えられる。**表 2.4** に標準生成エンタルピーを示す。つぎにキルヒホッフの法則についてである。ヘスの法則より主

表2.4 標準生成エンタルピー *[7]

無機化合物	ΔH_f^ϕ	有機化合物	ΔH_f^ϕ
H_2O (g)	-241.82	CH_4 (g)	-74.81
H_2O (l)	-285.83	C_2H_4 (g)	$+52.30$
NH_3 (g)	-46.11	C_3H_6 (g)	-84.64
CO (g)	-110.58	C_4H_{10} (g)	-126.11
CO_2 (g)	-393.51	C_6H_6 (l)	$+48.99$
CS_2 (g)	$+115.3$	CH_3OH (l)	-239.0
HCl (g)	-92.31	C_2H_5OH (l)	-235.4
HBr (g)	-36.4	CH_3CHO (g)	-166.4
HJ (g)	$+26.5$	CH_3COOH (l)	-484.2
HNO_3 (l)	-174.1	C_6H_5OH (s)	-165.0
H_2SO_4 (aq)	-907.5	$C_6H_5CH \cdot CH_2$ (g)	$+147.4$
NaCl (s)	-41.21	$C_6H_5CH_3$ (l)	$+12.00$
Al_2O_3 (g)	-1669.8	C_8H_{18} (l)	-250.1

* 0.1013 MPa, 298.15 K

要な反応の標準エンタルピー変化を求められるが，化学反応は種々の温度で生じるので，ΔH_{298}^ϕ を基に任意温度の反応エンタルピー(反応熱)の計算が必要となる。任意の温度のエンタルピー H は C_P の定義式である式(2.78)および式(2.84)より求まる。一例として，先ほども示した，ある化学反応 $n_A A + n_B B \to n_C C + n_D D$ の T における反応エンタルピー ΔH_T^ϕ を考えてみる。

$$\Delta H_T^\phi = n_C H_C + n_D H_D - (n_A H_A + n_B H_B) \tag{2.94}$$

となるので，1) 圧力一定で T について微分し，2) 式(2.41)を用いると

$$\frac{\partial(\Delta H_T^\phi)}{\partial T} = n_C (C_P)_C + n_D (C_P)_D - \{n_A (C_P)_A + n_B (C_P)_B\} \tag{2.95}$$

となり，さらに 3) 298~T [K] まで積分すると

$$\Delta H_T^\phi = \Delta H_{298}^\phi + \int_{298}^{T} \left[n_C (C_P)_C + n_D (C_P)_D - \{n_A (C_P)_A + n_B (C_P)_B\} \right] dT \tag{2.96}$$

となり，一般化すると，温度 T_1~T_2 において考えた場合

$$\Delta H_{T_2}{}^\phi = \Delta H_{T_1}{}^\phi + \int_{T_1}^{T_2} \Delta C_P dT \quad (キルヒホッフの法則) \quad (2.97)$$

$$\left(\because \quad \Delta C_P = \sum_i \left[n_i (C_P)_i \right]_{生成系} - \sum_i \left[n_i (C_P)_i \right]_{原系} \right) \quad (2.98)$$

と導かれるのである。

【演習1】 ある化学反応 $n_A A + n_B B \rightarrow n_C C + n_D D$ (n_A, n_B, n_C および n_D：A, B, C および D の物理量（モル数））…①における標準状態（298.15 K, 0.1013 Mpa）の反応エンタルピー $\Delta H_{298}{}^\phi$ を導きなさい。なお、A, B, C および D の標準生成エンタルピーを、それぞれ $\Delta H_f{}^\phi(A)$, $\Delta H_f{}^\phi(B)$, $\Delta H_f{}^\phi(C)$ および $\Delta H_f{}^\phi(D)$ 〔kJ〕とする。

【演習2】 ある化学反応 $n_A A + n_B B \rightarrow n_C C + n_D D$ (n_A, n_B, n_C および n_D：A, B, C および D の物理量（モル数））①における絶対温度 T の反応エンタルピー ΔH_T を導きなさい。なお、A, B, C および D の定圧熱容量を、それぞれ $(C_P)_A$, $(C_P)_B$, $(C_P)_C$ および $(C_P)_D$、この反応の標準状態（298.15 K, 0.1013 Mpa）における反応エンタルピーを $\Delta H_{298}{}^\phi$ とする。

2.3 状態変化とエントロピー：熱力学第二，三法則

2.3.1 熱力学第二法則とは

2.2節で勉強した熱力学第一法則はエネルギー保存則であるが、ここで勉強する**熱力学第二法則**はエネルギーの変換過程の方向性、エネルギーの使用内容の制限などを考慮した経験則である。具体的には、(a) **クラジウス**（Clausius）**の原理**、および(b) **ケルビン**（Kelvin）**またはトムソン**（Thomson）**の原理**で述べるとつぎのようになる。(a) クラジウスの原理とは、熱サイクルを行った場合、他に変化を残さないで、低温物体から熱を受け取り、高温物体にこれを与えることは不可能であるということである。換言すると、「他になんの変化も残さずに、低熱源から高熱源への熱の移動は不可能である」ということである。さらに、(b) ケルビンまたはトムソンの原理とは、一定の温度に保たれている熱源から熱を取り出し、この熱をすべて外部への仕事として使うような熱サイ

クルは存在しないということである。換言すると，「他になんの変化も残さずに，熱をすべて仕事に変えることは不可能である」ということである。このように熱力学第二法則を述べることができる。他の表現としてつぎのような原理もある。プランク（Planck）の原理：「摩擦により熱が発生する現象は不可逆である」，オストワルド（Ostwald）の原理：「第二種永久機関[†]は存在しない」

以上のことより熱力学第二法則は，1章で述べた定義「宇宙（孤立系）のエントロピーは極大に向かう傾向」をより詳細に示すと，「孤立系において不可逆過程で系の状態が変化するとき，エントロピー S は増大し，エントロピー極大において平衡となる。」ということであり，数学的な表現として

$$dS = 0 \langle 可逆過程 \rangle \quad および \quad dS > 0 \langle 不可逆過程 \rangle \quad (2.99)$$

となる。以上のことを頭に入れて熱力学第二法則，エントロピーなどを考えていくことにする。

2.3.2 カルノーサイクルとエントロピー

カルノー（Carnot）サイクルを考える前に，(1) 過程の方向性と平衡，および(2) 可逆性と不可逆性，について考えてみる。例えば，(a) 理想気体の混合，および(b) 真空中での液体の蒸発，を考えてみると，**図2.10**に示すようになる。すなわち，(a) 理想気体の混合（図(a)）においては，それぞれ気体AおよびBの入った貯槽容器を連結しているパイプのコックを開いた場合，気体の拡散によって気体AおよびBの自然な混合が生じ（混合方向のみ生じる），やがて均一なA+Bの混合気体となる（平衡状態となる）。つぎに，(b) 真空中における液体の蒸発（図(b)）においては，純粋な液体の入った貯槽容器では時間とともに自然に液体の蒸発が生じ（蒸発方向のみ生じる），やがて蒸気が完全に

[†] 第二種永久機関とは，一つの熱源から熱を吸収し，他になんの変化も残さずに熱を仕事に変える装置のことをいう。

2.3 状態変化とエントロピー：熱力学第二，三法則

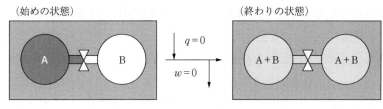

（a）理想気体の混合

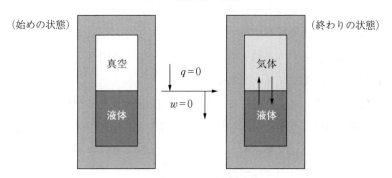

（b）真空中での液体の蒸発

図2.10 理想気体の混合と真空中での液体の蒸発

飽和した状態となる（気液の温度, 圧力が同一な気液平衡の状態となる）。

これらのように，自然変化の諸過程はすべて一定方向にのみ進行し平衡に達する特徴を有する。なぜ平衡となる方向にのみ過程が進行するか？さらに平衡状態がいかなる条件で表されるか？を考えてみた場合，熱力学第一法則（エネルギー保存則）ではいい表せない。前述したエネルギーの変換過程の方向性，エネルギーの使用内容の制限などに関係する経験則である，熱力学第二法則に関係するのである。

さらに，不可逆性（不可逆過程）と可逆性（可逆過程）を考えると，熱力学では変化の原因となる推進力が有限である過程を不可逆過程，無限小である過程を可逆過程という。すなわち，不可逆性は不可逆過程に基づき，(a) 有限の推進力を有し，(b)（なんらかの方法で）系を元の状態に戻したとき周囲に必ず変化が生ずる，ものである。自然変化が一方向にのみ進行するのはその過程の不可逆性によるのである。逆に，可

逆性は可逆過程に基づき，(a) **無限小な**（無限に小さい）推進力を有し，(b) 周囲になんらの変化を残すことなく，系を元の状態に戻すことができる，のである．これらをまとめると，「自然変化の方向性は不可逆性により，自然変化の終点である平衡状態は可逆性により特徴づけられる」のである．すなわち，「過程の方向性および平衡条件を表す因子は，結論的には不可逆過程を特徴づけ，(a)（不可逆過程では変化し），可逆過程では一定値を示す因子で，かつ (b) 系の状態に応じて一義的に定められる状態量という条件を備えた量を考えることができ，それは**エントロピー** S と呼ばれるものである．

このようなことを考慮して，**カルノー**（Carnot）**サイクル**を考えてみる（**図2.11**）．カルノーは熱が仕事に変換される過程を理想的な熱機関を用いることよって解析し，この機関をカルノーサイクルと名づけた．カルノーサイクルはすべての過程が可逆的であり，二つの定温変化と二つの断熱変化の四つの過程によりサイクルを完成し，二つの熱源の間で理想気体を作業物質として働く熱機関である．図2.11に示すように，1) 定温可逆膨張（A(P_1, V_1, T_1)→B(P_2, V_2, T_1)）で，熱 q_1 を吸収，PV 仕事 $-w_1$ をする．2) 断熱可逆膨張（B(P_2, V_2, T_1)→C(P_3, V_3, T_2)）で，PV 仕事 $-w_2$ をし，温度低下（$T_1 \to T_2$，$T_1 > T_2$）をさせる．3) 定温可逆圧縮（C(P_3, V_3, T_2)→D(P_4, V_4, T_2)）で，熱 $-q_2$ を放出，PV 仕事 $+w_3$ を受ける．そして 4) 断熱可逆圧縮（D(P_4, V_4, T_2)→A(P_1, V_1, T_1)）で，PV 仕事 $+w_4$ を受け，温度上昇（$T_2 \to T_1$，$T_1 > T_2$）をさせるのである．

ここで，カルノーサイクルの意味を考えてみる．カルノーは「熱が仕事に変換される過程を理想的な熱機関（heat engine）」を用いて解析した．この理想的な熱機関（≡カルノーサイクル）は上述するようにすべての過程は可逆的，作業流体は理想気体，全過程は四つの過程および元に戻るサイクル過程となっている．この理想的な熱機関（カルノーサイクル）は，「高熱源（高温）から低熱源（低温）に移動する熱 q_1 の一部を仕事 w（$=w_3+w_4-(w_1+w_2)$）に変える．このとき，サイクルが完成

2.3 状態変化とエントロピー：熱力学第二，三法則

1) 定温可逆膨張
   $(A(P_1, V_1, T_1) \to B(P_2, V_2, T_1))$
   熱を吸収し（$+q_1$），
   PV 仕事をする（$-w_1$）
2) 断熱可逆膨張
   $(B(P_2, V_2, T_1) \to C(P_3, V_3, T_2))$
   PV 仕事をし（$-w_2$），
   温度低下させる（$T_1 \to T_2$, $T_1 > T_2$）
3) 定温可逆圧縮
   $(C(P_3, V_3, T_2) \to D(P_4, V_4, T_2))$
   熱を放出し（熱$-q_2$），
   PV 仕事を受ける（$+w_3$）
4) 断熱可逆圧縮
   $(D(P_4, V_4, T_2) \to A(P_1, V_1, T_1))$
   PV 仕事を受け（$+w_4$），
   温度を上昇させる（$T_2 \to T_1$, $T_1 > T_2$）

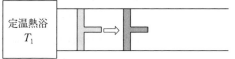

1) 定温可逆膨張 $(A(P_1, V_1, T_1) \to B(P_2, V_2, T_1))$

2) 断熱可逆膨張 $(B(P_2, V_2, T_1) \to C(P_3, V_3, T_2))$

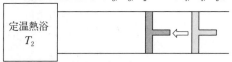

3) 定温可逆圧縮 $(C(P_3, V_3, T_2) \to D(P_4, V_4, T_2))$

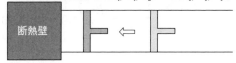

4) 断熱可逆圧縮 $(D(P_4, V_4, T_2) \to A(P_1, V_1, T_1))$

（a）カルノーサイクル　　　　（b）各過程の模式図

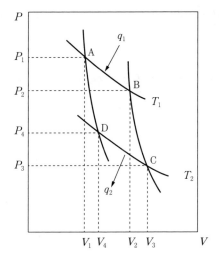

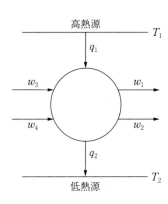

（c）サイクルの P-V 線図　　　（d）サイクルの熱・仕事の収支図

図 2.11　カルノーサイクルと各種記述方法

して，元の状態に戻るためには，必ず外界へ熱 q_2 を捨てなければならない」のである。

このような4段階のサイクル過程にて総和（A→B→C→D）が得られ，カルノー熱機関の熱効率 η（**カルノーの定理**）は第一法則（サイクル変化での内部エネルギー変化 dU の総和は零）よりつぎのように表される。

$$0 = \oint dU = (q_1 - q_2) + w \quad (w：仕事の総和（=-w_1-w_2+w_3+w_4))$$
$$\rightarrow \quad -w = q_1 - q_2 \tag{2.100}$$
$$\rightarrow \quad \eta = \frac{仕事の総和}{系に吸収された熱} = \frac{-w}{q_1}$$
$$= \frac{q_1 - q_2}{q_1}$$
$$= \frac{T_1 - T_2}{T_1} \quad (式(2.73),\ \frac{T_1}{T_2} = \left(\frac{V_1}{V_2}\right)^{\gamma-1} を考慮して) \tag{2.101}$$

さらに，$\dfrac{q_r}{T}$ を考えると，式(2.72) より

$$\frac{q_1}{T_1} = \frac{q_2}{T_2} = 0 \quad あるいは \quad \frac{q_1}{T_1} = \frac{-q_2}{T_2} = 0 \tag{2.102}$$
$$\equiv \sum_1^4 \frac{q_r}{T} = 0 \tag{2.103}$$

となり，カルノーサイクルの全過程において $\dfrac{q}{T}$ の和が零であることがわかる。これより，$\dfrac{q_r}{T}$ は状態量であり，一般のサイクル変化に拡張できる。

$$\sum_{\text{cycle}} \frac{\delta q_r}{T} = 0 \tag{2.104}$$

さらに図 **2.12** のように，微細サイクルは微分小の大きさまで細分化が可能なのでつぎのように表すことができる。

$$\oint \frac{\delta q_r}{T} \left(= \oint dS\right) = 0 \tag{2.105}$$

これより，$\dfrac{\delta q_r}{T}$ は状態量である。

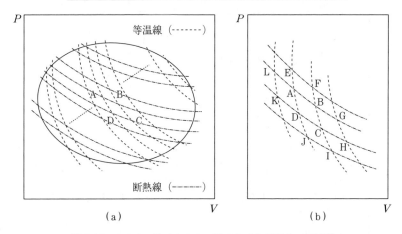

図2.12 カルノーサイクルの一般のサイクル変化への拡張

2.3.3 カルノーサイクルと代表的な諸サイクル

カルノーサイクルと代表的な諸サイクル(**オットー**(Otto)**サイクル**および**ディーゼル**(Diesel)**サイクル**)について，図2.13を参照して比較説明する。カルノーサイクルは，1)定温可逆膨張($A \rightarrow B$)：$A(P_1, V_1, T_1) \rightarrow B(P_2, V_2, T_2)$で$T_1 = T_2$，$+q_1$を吸収し，$-w_1$を行う。2)断熱可逆膨張($B \rightarrow C$)：$B(P_2, V_2, T_2) \rightarrow C(P_3, V_3, T_3)$で$T_2 > T_3$，$-w_2$を行う。3)定温可逆圧縮($C \rightarrow D$)：$C(P_3, V_3, T_3) \rightarrow D(P_4, V_4, T_4)$で$T_3 = T_4$，$-q_2$を放出し，$+w_3$を受ける。最後に4)断熱可逆圧縮($D \rightarrow A$)：$D(P_4, V_4, T_4) \rightarrow A(P_1, V_1, T_1)$で$T_4 < T_1$，$+w_4$を受ける。これらを考慮すると次式を得る。

$$\eta = \frac{T_1 - T_3}{T_1} = 1 - \frac{T_3}{T_1} \tag{2.106}$$

つぎに，代表的な諸サイクルであるオットーサイクルは1)断熱可逆膨張($A \rightarrow B$)：$A(P_1, V_1, T_1) \rightarrow B(P_2, V_2, T_2)$で$T_1 > T_2$，$-w_1$を行う。2)定容可逆変化($B \rightarrow C$)：$B(P_2, V_2, T_2) \rightarrow C(P_3, V_3, T_3)$で$T_2 > T_3$，$-q_2$を放出する。3)断熱可逆圧縮($C \rightarrow D$)：$C(P_3, V_3, T_3) \rightarrow D(P_4, V_4, T_4)$で$T_3 < T_4$，$+w_2$を受ける。最後に，4)定容可逆変化($D \rightarrow A$)：$D(P_4, V_4, T_4)$

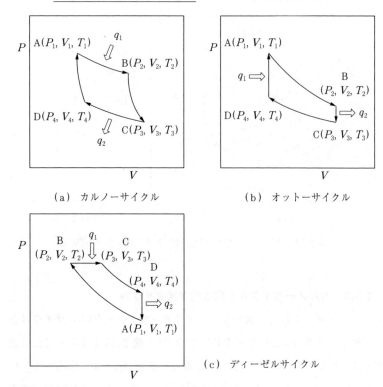

図 2.13 カルノーサイクルと代表的な諸サイクル(オットーサイクルおよびディーゼルサイクル)

→ $A(P_1, V_1, T_1)$ で $T_4 < T_1$, $+q_1$ を吸収する。これらを考慮すると次式を得る。

$$\eta = 1 - \frac{T_2 - T_3}{T_1 - T_4} \tag{2.107}$$

最後に代表的な諸サイクルであるディーゼルサイクルは,1) 断熱可逆圧縮 (A→B): $A(P_1, V_1, T_1) → B(P_2, V_2, T_2)$ で $T_1 < T_2$, $+w_1$ を受ける。2) 定圧可逆膨張 (B→C): $B(P_2, V_2, T_2) → C(P_3, V_3, T_3)$ で $T_2 < T_3$, $+q_1$ を吸収し, $-w_2$ を行う。3) 断熱可逆膨張 (C→D): $C(P_3, V_3, T_3) →$ $D(P_4, V_4, T_4)$ で $T_3 > T_4$, $-w_3$ を受ける。最後に, 4) 定容可逆変化 (D→A): $D(P_4, V_4, T_4) → A(P_1, V_1, T_1)$ で $T_4 > T_1$, $-q_2$ を放出する。こ

2.3 状態変化とエントロピー：熱力学第二, 三法則

れらを考慮すると次式を得る。

$$\eta = 1 - \frac{T_4 - T_1}{\gamma(T_3 - T_2)} \tag{2.108}$$

なお，カルノーサイクルをエンジンに置き換えた場合およびカルノーサイクルの逆を考えた場合（およびカルノーの逆サイクルとヒートポンプ：仕事を受けて，熱が逃げる（低温から高温へ））についても考えてみる。

【演習1】 以下の問に答えなさい。
(1) 400℃と100℃の間で働く機関がある。吸熱が100 J/sの速さで起こるとき，その機関が生み出す最大の仕事率 e を求めなさい。なお，e と効率 η の関係は $e = \frac{\eta}{100}$ である。
(2) 高熱源および低熱源の温度を443 Kおよび343 Kとするとき，この熱源間で作動する理想可逆サイクル熱機関の効率 η を求めなさい。
(3) (2)の熱機関で1200 Jの仕事をした場合，高熱源より吸収される熱量 q_1，および低熱源へ放出される熱量 q_2 を求めなさい。

【演習2】 カルノーサイクルの温度-容積（T-V）図を描きなさい。ただし，点A→B→C→D→Aのサイクルで，熱の出入り（吸熱を「$q_1 →$」，放熱を「→ q_2」で示すこと）を考慮すること。

【演習3】 (a) カルノーサイクル，(b) オットーサイクル，(c) ディーゼルサイクルのそれぞれについて，以下の問に答えなさい。
(1) 点A→B→C→D→Aのサイクルで，熱 q の出入りを考慮した圧力-容積（P-V）図を描きなさい。なお，点A, B, CおよびDの座標 (x, y, z) は書く必要はない。
(2) 上記の(a)カルノーサイクルの図中の点A, B, CおよびDの座標 (x, y, z) を，それぞれA(P_1, V_1, T_1), B(P_2, V_2, T_2), C(P_3, V_3, T_3) およびD(P_4, V_4, T_4) とし，$T_1 \sim T_4$ の関係を求めなさい。
(3) 上記の(a), (b), q および仕事 w を考慮して，熱効率 η を求める式を導きなさい。

2.3.4 エントロピーと熱力学第二法則

エントロピーを考えてみる。可逆サイクル過程において式(2.105)が

成立するので

$$\oint \frac{\delta q_r}{T} = 0 \quad (q_r：可逆過程での熱量) \tag{2.109}$$

次式の関係が得られ，定義できる．

$$dS \equiv \frac{\delta q_r}{T} \tag{2.110}$$

ここで，S がエントロピーであり，式(2.110)において「【完全微分】×$\frac{1}{T}$＝【完全微分】」となるので

$$(2.104) \rightarrow \sum_{\text{cycle}} dS = 0 \tag{2.111}$$

$$(2.105) \rightarrow \oint dS = 0 \tag{2.112}$$

が得られる．さらにエントロピーの積分 ΔS を考えると

$$\Delta S = \int_A^B dS = S_B - S_A \tag{2.113}$$

が得られる．

ここで，上記に述べたことについて「【完全微分】×$\frac{1}{T}$＝【完全微分】」の視野からもう少し述べることにする．いままで学習してきた P，V，T，U および H は状態量であり，サイクルが元へ戻ると状態量も最初の値に戻る．しかしながら，w および q は1サイクルごとに経路に応じた外部への仕事 w を行ったり，および熱 q の授受を行うため，元へ戻っても最初の値に戻らない．ここで，微小仕事 δw について $\delta w = -PdV$ なので

$$dV = -\frac{\delta w}{P} \tag{2.114}$$

というように，変化の経路に沿って「示強的状態量 P と示量的状態量 dV の積」で表せる．同様に，微小熱量 δq について $\delta q = T \times \boxed{?}$ なので

$$\boxed{?} = \frac{\delta q}{T} \tag{2.115}$$

というように，変化の経路に沿って「示強的状態量 T と $\boxed{?}$（なんで表せるかわからないので，？と示している）の積」で表せる．これらより，「δq の示量的状態量を dS として，新しい状態量をエントロピー S

2.3 状態変化とエントロピー：熱力学第二，三法則

として式(2.110)で定義する」とする。1850年，このエントロピー S はClausiusによって初めて導入され，またこのとき初めてエントロピーと呼ばれた。式(2.110)は「不完全微分量 δq に $\dfrac{1}{T}$ を掛けると完全微分量 dS になることを示している。すなわち，数学的には $\dfrac{1}{T}$ は積分因子である。また，積分 $\int_A^B \delta q_r$ の値はその変化の道筋に支配されるが，$\int_A^B \dfrac{\delta q_r}{T}$ は道筋に無関係である。これは

$$\begin{cases} \text{不完全微分量の和} \Rightarrow \text{完全微分量} \ (dU=\delta q+\delta w) \\ \text{不完全微分量と完全微分量（状態量）の積} \\ \qquad\qquad\qquad\qquad \Rightarrow \text{完全微分量} \ (dS=\dfrac{\delta q}{T}) \end{cases}$$

ということである。なお，T および P は状態量であり，q および w は状態量ではない。

　熱力学第二法則を図2.3について考えることにする。すなわち，可逆過程 l および不可逆過程 l' を考えた場合，第一法則より

$$dU = \delta q_r + \delta w_r = \delta q_{ir} + \delta w_{ir}$$

となり，$|w_r|>|w_{ir}|$ より $\delta w_r < \delta w_{ir}$ となるので $\delta q_r > \delta q_{ir}$ さらに $\dfrac{\delta q_r}{T} > \dfrac{\delta q_{ir}}{T}$ となる。これより

$$S = \begin{cases} \text{可 逆 過 程} \quad dS = \dfrac{\delta q_r}{T} & (2.116) \quad [\rightarrow \delta q = TdS \quad (2.116)'] \\ \text{不可逆過程} \quad dS > \dfrac{\delta q_{ir}}{T} & (2.117) \quad [\rightarrow \delta q < TdS \quad (2.117)'] \end{cases}$$

となり，これを孤立系に適用すると $\delta q_r = 0$ および $\delta q_{ir} = 0$ となるので

$$S = \begin{cases} \text{可 逆 過 程} \quad dS = 0 & (2.118) \\ \text{不可逆過程} \quad dS > 0 & (2.119) \end{cases}$$

となる。換言すると，孤立系ではつぎのようになる。

$$\begin{cases} \text{可逆過程による変化によって系の} S \text{は変化なく一定である。} \\ \text{不可逆過程による変化によって系の} S \text{はつねに増大する。} \end{cases}$$

すなわち，「孤立系では，自然（自発）変化すなわち不可逆過程により S は増大し，（自然変化の終点である）平衡すなわち可逆過程で S は極

大値」となる.換言すると,「過程の方向性および平衡条件を表す S は,結論的には,不可逆過程を特徴づけ,(不可逆過程では変化し,)可逆過程では一定値を示す因子で,かつ系の状態に応じて一義的に定められる状態量」である.

【演習1】 1.00 g のある有機化合物を 1.00 atm の一定圧力の下,沸点 80.1 ℃ で可逆的に沸騰させたとする.このときのエントロピー変化 ΔS を求めなさい.ただし,その有機化合物の蒸発熱 ΔH_v を 395 J/g とする.

〔ヒント〕 定温可逆過程では $\Delta S = \int \dfrac{dq_r}{T} = \dfrac{1}{T}\int dq_r = \dfrac{q_r}{T} \cdots ①$ となることを考慮しなさい.

2.3.5 エントロピーの要約

エントロピーの要約をまとめると**表 2.5** のようになる(なお,ΔS:

表 2.5 エントロピーの要約(孤立系で考え,これは系と外界の和と考える)

(1) エントロピー S は次式で定義される状態量である.
$$dS = \frac{\delta q_r}{T}$$
ここに,δq_r は可逆過程で交換される熱量である.エントロピーは示量因子であり,系の質量に比例した値をもつ.
(2) 可逆過程で系が 1 から 2 の状態に変化したとき,系のエントロピー変化 ΔS(系)は (1) での式を積分した次式で計算できる.
$$\Delta S(\text{系}) = \int_1^2 dS = \int_1^2 \frac{\delta q_r}{T}$$
系のエントロピー変化 ΔS(系)は,正,負,0 のいずれかである.
(3) 可逆過程では,系のエントロピー変化 ΔS(系)と外界のエントロピー変化 ΔS(外界)の和は,つねに 0 である.
$$\Delta S(\text{系}) + \Delta S(\text{外界}) = 0 \quad \text{または} \quad \Delta S_{\text{total}}(\text{孤立系}) = 0$$
したがって,外界のエントロピー変化 ΔS(外界)は,系のエントロピー変化 ΔS(系)と同じ大きさで符号が反対である.
(4) エントロピーは状態量であるから,系のエントロピー変化 ΔS(系)は系の始めと終わりの状態だけに関係し,変化の経路には無関係である.したがって,固定された始終状態について最も考えやすい可逆過程を選び,上式の (2) で計算すればよい.
(5) 不可逆過程における系のエントロピー変化 ΔS(系)は,実際の過程が不可逆であっても,不可逆過程の始めと終わりの状態を知って,この始終状態について適当な可逆過程を考えて,上式の (2) で計算すればよい.不可逆過程における系のエントロピー変化 ΔS(系)は,正,負,0 のいずれかである.
(6) 不可逆過程では,系のエントロピー変化 ΔS(系)と外界のエントロピー変化 ΔS(外界)の和は,つねに 0 より大きい.
$$\Delta S(\text{系}) + \Delta S(\text{外界}) > 0 \quad \text{または} \quad \Delta S_{\text{total}}(\text{孤立系}) > 0$$

2.3 状態変化とエントロピー：熱力学第二,三法則

系のエントロピー変化, ΔS_{TOTAL}：全エントロピー変化, である)。

【演習 1】 下記の文章は, エントロピー S の特性を要約している。文章の空欄 (a)〜(j) に適切な語句, 数式, 数値などを示しなさい。他の空欄は答えなくてよい。なお, 孤立系を系と外界の和とし, 系, 外界および孤立系のエントロピーをそれぞれ ΔS(系), ΔS(外界) および ΔS_{Total} (孤立系, これを全エントロピー変化ともいう) とする。また, 可逆過程および不可逆過程で熱量をそれぞれ q_r および q_{ir}, 絶対温度を T とする。

エントロピーは, [(a)] の式で定義される状態量であり, [   ] は可逆過程で交換される熱量である。また, エントロピーは [(b)] であり, 系の質量に比例した値をもつ。

可逆過程で系が 1 から 2 の状態に変化したとき, 系のエントロピー変化は式 (a) を積分した [(c)] の式で計算でき, 正, 負, 0 のいずれかである。さらに, 可逆過程では系のエントロピー変化と外界のエントロピー変化の和はつねに [(d)] であるので, 外界のエントロピー変化は系のエントロピー変化と同じ [(e)] で符号が [(f)] である。また, エントロピーは [(g)] であるから, 系のエントロピー変化は系の始めと終わりの状態だけに関係し, 変化の経路には [(h)] である。したがって, 固定された始終状態について最も考えやすい [(i)] 過程を選び, 上式の (c) で計算すればよい。

不可逆過程における系のエントロピー変化は, 実際の過程が不可逆であっても不可逆過程の始めと終わりの状態を知って, この始終状態について適当な [(i)] 過程を考えて上式の (c) で計算すればよい。不可逆過程における系のエントロピー変化も正, 負, 0 のいずれかである。不可逆過程では, 系のエントロピー変化と外界のエントロピー変化の和は, つねに [(d)] より [(j)] なる。

2.3.6 エントロピーの諸性質

エントロピーの諸性質についていくつかの例を参考に述べる。まず第一に, エントロピー変化において可逆過程でのエントロピーの温度変化を考えてみる。定容条件において, 定容熱容量の関係式から $(\delta q)_V = dU = C_V dT$ であるので, 状態 1〜2 の変化に対して式 (2.120) が得られる。

$$\Delta S_V = \int_1^2 \frac{(\delta q)_V}{T} = \int_1^2 \frac{C_V}{T} dT = \int_1^2 C_V d(\ln T) \tag{2.120}$$

つぎに定圧条件において，上記と同様に定圧熱容量の関係式から $(\delta q)_P = dH = C_P dT$ であるので，状態1～2の変化に対して式(2.121)が得られる。

$$\Delta S_P = \int_1^2 \frac{(\delta q)_P}{T} = \int_1^2 \frac{C_P}{T} dT = \int_1^2 C_P d(\ln T) \tag{2.121}$$

さらに，式(2.121)を拡張するとつぎのような関係式も得られる。

(a) C_P が温度に無関係： $\Delta S_P = C_P \int_1^2 \frac{dT}{T} = C_P \ln \frac{T_2}{T_1}$ (2.122)

(b) C_P が温度に関係： $C_P = a + bT + cT^2$ より

$$\Delta S_P = \int_{T_1}^{T_2} \frac{a + bT + cT^2}{T} dT$$

$$= a \ln \left(\frac{T_2}{T_1} \right) + b(T_2 - T_1) + \left(\frac{c}{2} \right)(T_2^2 - T_1^2) \tag{2.123}$$

さらに，第二に，エントロピー変化において熱力学第一法則の定義式に $\delta w_r = -(P + dP)dV = -PdV$, $(dU)_r = (\delta q)_V = C_V dT$ を代入すると

$$\delta q = dU - \delta w = C_V dT + PdV$$

$$\therefore \quad dS = \frac{\delta q}{T} = \frac{C_V}{T} dT + \frac{P}{T} dV \tag{2.124}$$

となり，系が理想気体である場合には状態方程式 $\frac{P}{T} = \frac{nR}{V}$ を考慮して

$$dS = C_V d(\ln T) + nR d(\ln V) \tag{2.125}$$

このときの状態1～2への変化でのエントロピー変化 ΔS は

$$\Delta S = C_V \ln \left(\frac{T_2}{T_1} \right) + nR \ln \left(\frac{V_2}{V_1} \right) = C_V \ln \left(\frac{T_2}{T_1} \right) + nR \ln \left(\frac{P_1}{P_2} \right) \tag{2.126}$$

となる。

第三に，理想気体のエントロピー変化は

$$\Delta S(\text{系}) = \int_1^2 dS = \int_1^2 \frac{\delta q_r}{T} \tag{2.127}$$

2.3 状態変化とエントロピー:熱力学第二,三法則

と記載でき,**図2.14**に示すような理想気体のエントロピー変化を考える。この際,状態 $1(P_1, T_1)$ →状態 $2(P_2, T_2)$ における変化は

状　態： $1(S_1)$ → $1'(S_1')$ → $2(S_2)$　　　　(2.128)
過程A： (P_1, T_1)　(P_1, T_2)　(P_2, T_2)

状　態： $1(S_1)$ → $1''(S_1'')$ → $2(S_2)$　　　　(2.128)'
過程B： (P_1, T_1)　(P_2, T_1)　(P_2, T_2)

の過程AおよびBのどちらにおいても同様となり

$$\Delta S = S_2 - S_1 = \int_{T_1}^{T_2} \frac{C_P}{T} dT - nR \ln \frac{T_1}{T_2} \qquad (2.129)$$

となる。

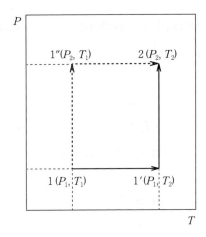

図2.14　理想気体のエントロピー

さらに,第四に,理想気体の混合エントロピー(図2.10(a)参照)はつぎのようになる。同温同圧の純粋な理想気体A: n_A [mol] およびB: n_B [mol] を考慮すると,始めの圧力を P とした場合,AおよびBの分圧は

$$P_A = P y_A \quad \text{および} \quad P_B = P y_B \qquad (2.130)$$

となり,AおよびBのモル分率は

$$y_A = \frac{n_A}{n_A + n_B} \quad \text{および} \quad y_B = \frac{n_B}{n_A + n_B} \qquad (2.131)$$

となる。理想気体のエントロピー変化は，式(2.126)より

$$\left. \begin{array}{l} \Delta S_A = n_A R \cdot \ln \dfrac{P}{P_A} = -n_A R \cdot \ln y_A \\ \Delta S_B = n_B R \cdot \ln \dfrac{P}{P_B} = -n_B R \cdot \ln y_B \end{array} \right\} \quad (2.132)$$

となり，ここで $y_A<1$ および $y_B<1$ より $\Delta S_A>0$ および $\Delta S_B>0$ であるので，系全体のエントロピー変化は

$$\Delta S(=\Delta S_{\text{TOTAL}}) = \Delta S_A + \Delta S_B = -R(n_A \cdot \ln y_A + n_B \cdot \ln y_B) > 0 \quad (2.133)$$

のように正の値をとる。さらに混合物 1 mol 当りの系全体のエントロピーは式(2.133)を n_A+n_B で割ったものなので

$$\Delta S_{\text{TOTAL}}' = \frac{\Delta S_{\text{TOTAL}}}{n_A+n_B} = -R(y_A \cdot \ln y_A + y_B \cdot \ln y_B) \quad (2.134)$$

となり，式(2.133)および式(2.134)で示される ΔS を理想気体の混合エントロピーという。

第五に熱移動に伴うエントロピー変化を考える。**図2.15** に示すように高温物体と低温物体の接触が生じた場合，この際の条件

　i) 温度 T_1 および T_2 ($<T_1$) の同質同量の固体物体を断熱条件下で接触

　ii) 物質の熱容量 C_P，接触後の平衡温度 T

を考えると，次式が得られる。

$$C_P(T_1-T) = C_P(T-T_2) \quad (2.135)$$

$$\therefore \ T = \frac{T_1+T_2}{2} \quad (2.135)'$$

この場合，高温物質：系，低温物質：外界とすると，系および外界のエントロピー変化は上記の式より

$$\Delta S(\text{系}) = C_P \cdot \ln \frac{T}{T_1} \quad \text{および} \quad \Delta S(\text{外界}) = C_P \cdot \ln \frac{T}{T_2} \quad (2.136)$$

となり，$T_1>T>T_2$ より

2.3 状態変化とエントロピー：熱力学第二，三法則

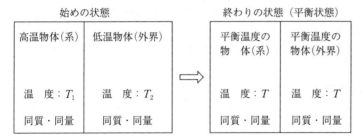

図2.15 熱移動に伴うエントロピー変化

$$\Delta S(系)<0 \quad および \quad \Delta S(外界)>0 \tag{2.137}$$

となる。さらに全系のエントロピー変化は

$$\Delta S(全系)=\Delta S(系)+\Delta S(外界)$$
$$=C_P\cdot\ln\frac{T}{T_1}+C_P\cdot\ln\frac{T}{T_2}=C_P\cdot\ln\frac{T^2}{T_1\cdot T_2} \tag{2.138}$$

となり，i) 全系は孤立系であり，ii) "$T=\dfrac{T_1+T_2}{2}>\sqrt{T_1\cdot T_2}$"，であることを考慮すると，$\Delta S(全系)>0$ ということがわかる。

第六に相転移とエントロピー変化の関係を考える。一般に物質の融解，蒸発，昇華などの相転移によりエントロピーは変化するので，相転移エントロピー ΔS_t は定圧条件下において

$$\Delta S_t=\frac{\delta q_t}{T_t}=\frac{\Delta H_t}{T_t} \tag{2.139}$$

ここで，δq_t：相転移の潜熱，T_t：相転移温度，ΔH_t：相転移のエンタルピー変化である。

【演習1】 以下の問に答えなさい。
(1) ある有機化合物 1.00 mol の体積を一定に保ったまま，27.0℃ から 63.0℃ まで加熱した。このときのこの有機化合物のエントロピー変化 ΔS_V を求めなさい。つぎに，加熱を定圧過程で行ったときのエントロピー変化 ΔS_P を求めなさい。ただし，有機化合物の定容モル熱容量を $C_{V,m}=5.82+7.55\times10^{-2}T-17.99\times10^{-6}T^2$ 〔J/(K·mol)〕とする。
(2) 1 mol の理想気体が定温条件下において，その体積が 3 倍になるまで

膨張するときのエントロピー変化 ΔS を求めなさい。

【演習2】 理想気体を $P=4.00$ atm, $V=2.00$ dm^3, $T=300$ K の初期状態から非可逆的に V$=3.00$ dm^3 まで膨張させたところ，温度は 300 K で保たれていた。このときのエントロピー変化 ΔS を計算しなさい。

【演習3】 以下の問に答えなさい。

(1) ある物質の定圧モル熱容量（$n=1$ mol）が $C_{P,m}=a+bT+cT^2$ で与えられるとき，定圧条件下で温度 T_1 から T_2 に変化させたとき，エントロピー変化 ΔS を求めなさい。

(2) ある物質の定圧モル熱容量（$n=1$ mol）が $C_{P,m}=16.9+4.77\times10^{-3}T-8.54\times10^5T^{-2}$ 〔J/(K·mol)〕で近似される。1 mol の物質を 300 K から 1 000 K まで加熱するときの物質のエントロピー変化 ΔS を求めなさい。

【演習4】 300 K 定温下，25 atm の理想気体 2.0 mol を，2.0 dm^3 より 49 dm^3 まで膨張させた。外圧は 1.0 atm である。以下の問に答えなさい。

(1) 膨張を可逆的に行わせたときの系，周囲，宇宙のエントロピー変化，それぞれ ΔS, ΔS_{SURR}, ΔS_{UNIV} を求めなさい。

(2) 膨張を不可逆的に行わせたときの $\Delta S'$, $\Delta S'_{\text{SURR}}$, $\Delta S'_{\text{UNIV}}$ を求めなさい。
〔ヒント〕 孤立系＝宇宙，宇宙は系と外界（＝周囲）により構成されていると考える。

【演習5】 2.0 mol の理想気体を 20℃，1.0 atm より 100℃，0.10 atm に可逆的に加熱・膨張させた。この場合のエントロピー変化 ΔS を求めなさい。なお，この理想気体の定圧モル熱容量 $C_{P,m}$ は 29.3 J/(K·mol) である。

【演習6】 330 K，1.0 mol の理想気体を 10 dm^3 より 30 dm^3 まで断熱可逆膨張させた。このときの ΔS, ΔS_{SURR}, ΔS_{UNIV} を求めなさい。なお，定容モル熱容量 $C_{V,m}$ は 20.8 J/(K·mol) である。

【演習7】 0℃，1 atm で窒素（N_2）8.0 L，酸素（O_2）2.0 L，二酸化炭素（CO_2）2.2 L を混ぜて，3 成分系混合気体をつくる。この場合の混合過程のエントロピー変化 ΔS を求めなさい。なお，N_2, O_2, CO_2 はどれも理想気体とする。

【演習8】 0℃の水 10 mol と 100℃の水 4 mol を 1 atm で混合する。エントロピー変化を計算しなさい。ただし，水の 0℃および 100℃における定圧モル熱容量 $C_{P,m}$ は，共に 34 J/(K·mol) とする。

【演習9】 1 atm の下で 0℃の氷 1 mol を 100℃の水蒸気にするときのエントロピー変化 ΔS を求めなさい。なお，水のモル融解熱 ΔH_m (273.15 K) およびモル蒸発熱 ΔH_v (373.15 K) は，それぞれ 6.01 および 40.67 kJ/mol であ

2.3 状態変化とエントロピー：熱力学第二, 三法則

る。なお，0～100℃での水の平均定圧モル熱容量は 75.2 J/(mol·K) とする。

【演習10】 以下の問に答えなさい。なお，273.15 K，1.000 atm における氷のモル融解熱を 6 008 J/mol，水および氷の平均定圧モル熱容量を，$C_{P,m}$(水)= 75.36 および $C_{P,m}$(氷)= 37.62 J/(mol·K) とする。

(1) (a) 1.000 atm の下で 273.15 K の水 1.000 mol が凝固して 273.15 K の氷になるときのエントロピー変化 ΔS(系) を求めなさい。また，(b) この過程に伴う外界のエントロピー変化 ΔS_{SURR}(外界(=周囲)) について考察しなさい。

(2) 1.000 atm の下で 263.15 K に過冷却された 1.000 mol の水が凝固して 263.15 K の氷になるときのエントロピー変化 ΔS(系) について，(a) (1) と比較して (2) の状態変化を示す変化図を示し，(b) 状態の変化図を考慮して，エントロピー変化 ΔS(系) を求めなさい。また，(c) この過程に伴う外界のエントロピー変化 ΔS_{SURR}(外界(=周囲)) について考察しなさい。

なお，(1) および (2) について，273.15 K，1.000 atm における氷のモル融解熱を 6 008 J/mol，水および氷の平均定圧モル熱容量を，それぞれ $C_{P,m}$(水)= 75.36 J/(K·mol) および $C_{P,m}$(氷)= 37.62 J/(K·mol) とする。

2.3.7 熱力学第三法則

任意の温度でのエントロピーを考えると，式 (2.121) で C_P を決定して積分すると，絶対的なエントロピーが得られる。絶対的なエントロピーでは，(実験より) 絶対零度 0 K において不規則配列のない純粋な結晶 (完全結晶) 物質のエントロピーは 0 である。すなわち，**熱力学第三法則**とは，完全結晶は 0 K においてすべて同一のエントロピー値をもつということである。

このような第三法則より，0 K より T [K] における純物質の絶対エントロピーは式 (2.121) より式 (2.140) が得られる。

$$S - S_0 = \int_0^T \frac{C_P}{T} dT \quad (S, S_0 : T[K], 0\,K での絶対エントロピー)$$

(2.140)

この第三法則より，$S_0 = 0$ なので次式が得られる。

$$S = \int_0^T \frac{C_P}{T} dT \tag{2.141}$$

となる。

さらに，図 2.16 において，式 (2.141) の右辺の積分は図の $\frac{C_P}{T}$-T プロットでの曲線下の面積であり，図式積分より算出が可能である。

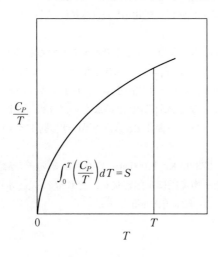

図 2.16　絶対エントロピーの図積分による計算方法

また，0 K より T 〔K〕において，相変化がある場合は次式となる。

$$S = \int_0^{T_m} \frac{(C_P)_{\text{solid}}}{T} dT + \frac{\Delta H_m}{T_m} + \int_{T_m}^{T_v} \frac{(C_P)_{\text{liquid}}}{T} dT + \frac{\Delta H_v}{T_v}$$
$$+ \int_{T_v}^T \frac{(C_P)_{\text{vaper}}}{T} dT \tag{2.142}$$

ここで，$(C_P)_{\text{solid}}$, $(C_P)_{\text{liquid}}$, $(C_P)_{\text{vaper}}$ はそれぞれ固体，液体，気体の熱容量，ΔH_m, ΔH_v はそれぞれ融解，蒸発のエンタルピー，T_m, T_v はそれぞれ融点，沸点である。なお，標準絶対エントロピー S^ϕ を表 2.6 に示す。

化学変化におけるエントロピー変化は式 (2.143) となり，2 原料および 2 生成系を考えると〔例〕のようになる。

$$\Delta S^\phi = \sum_i \left[v_i S^\phi(i) \right]_{\text{生成系}} - \sum_j \left[v_j S^\phi(j) \right]_{\text{反応系}} \tag{2.143}$$

2.3 状態変化とエントロピー：熱力学第二，三法則

表2.6 標準絶対エントロピー*[7]

〔J/(K·mol)〕

物 質	S^ϕ	物 質	S^ϕ	物 質	S^ϕ
$H_2(g)$	130.59	$SO_2(g)$	248.5	$C_2H_4(g)$	219.5
$N_2(g)$	191.5	C (graphite)	5.694	$C_2H_6(g)$	229.5
$O_2(g)$	205.1	Ag(s)	42.72	$CH_3OH(l)$	127
$Cl_2(g)$	223.0	Fe(s)	27.2	$C_2H_5OH(l)$	161
CO(g)	197.5	Na(s)	51.0	$C_6H_6(l)$	173
$CO_2(g)$	213.7	NaCl(s)	72.38	$C_6H_5CH_3(l)$	220
$H_2O(g)$	188.72	$CuSO_4(s)$	113	$n\text{-}C_6H_{14}(l)$	296
$H_2O(l)$	70.00	AgCl(s)	96.23	$cyclo\text{-}C_6H_{12}(l)$	205
HCl(g)	186.6	$CH_4(g)$	186.2		

* 298.15 K，0.1013 MPa。(s)は固体，(l)は液体，(g)は気体。

〔例〕 $v_A A + v_B B \rightarrow v_C C + v_D D$

$$\Delta S^\phi = v_C S^\phi(C) + v_D S^\phi(D) - [v_A S^\phi(A) + v_B S^\phi(B)] \quad (2.144)$$

【演習1】 1.0 atm，298.15 K における塩化水素の絶対エンタルピー（第三法則エントロピー）を求めたい。

(1) 塩化水素の状態変化は，1) 固体（Ⅰ），2) 相転移（相転移温度 T_t = 98.36 K），3) 固体（Ⅱ），4) 融点（融点 T_m = 158.91 K），5) 液体，6) 沸点（沸点 T_v = 188.07 K），7) 気体，の順に変化する。1)〜7) の状態および転移点に対応する塩化水素の絶対エンタルピーの求め方を示しなさい。

(2) (1) を考慮して，1.0 atm，298.15 K における塩化水素の絶対エンタルピー（第三法則エントロピー）を求めなさい。なお，$S(0)=0$ とする。

2.3.8 エントロピーの分子論的解釈

次章での統計熱力学を学ぶ前に，簡単ではあるがエントロピー S についての分子論的な解釈を考えてみる。これによりわかりづらい S についての理解が深まると考えられる。例えば，1 mol の分子がもつエントロピー S は，その分子の配置，運動，反応などに重要な影響がある。エントロピー S はその温度における分子の配置や運動などの乱雑さに結び付いていると考えられる。すなわち，配置の乱雑さは，物質の状態

(つまり，気体，液体，（溶媒と溶質が存在する場合は溶液）あるいは固体）によって変わる．つぎに，運動の乱雑さは，運動，すなわち，分子の運動である並進運動，回転運動および振動運動の自由度の数とそれぞれのエネルギー（正確には，エネルギー準位）によって決まる．例えば，ある気体の物質が冷却され，液体にそして固体になる過程が，分子の運動における自由度などにどのように影響するかを考えてみる．

つぎに，温度と乱雑さの関係について考えてみる．ここで分子論的な解釈に立って，気体1分子の平均の並進（運動）のエネルギーは，$\frac{3}{2}kT$（k：ボルツマン定数，T：絶対温度）となる．温度が低下するにつれて直進運動に分配されるエネルギーは次第に減少するので，分子に分配きれるエネルギーが減ってくると考えられる．そして，分子の運動の乱雑さに対応すると考えられるSが減少する．回転（運動）エネルギーおよび振動（運動）エネルギーに対応する，回転と振動の自由度についても温度が下がれば同様の減少傾向が現れ，それらの運動エネルギーも減少する．このように，いかなる気体でも冷却すればSは低下する傾向にある．さらに，気体を冷却すればある温度で液化も生じるので，分子の並進運動は著しく減少し，配置の乱雑さも大幅に小さくなる．さらに，回転や振動なども同様に減少するので，気体から液体になると乱雑さは急激に減少する．このようなことより，すべての気体は液化するとエントロピーSが急激に減少することがわかる．さらに，固体，特に規則性のある結晶になると，不規則性を失い，結晶格子の決まった位置に落ち着くのである．以上のことより，すべての液体は固化するとエントロピーSが急激に減少する．最後に，固体を冷却していけば平衡点を中心とする分子振動は次第に不活発になり，配置の乱雑きは実質的に存在しなくなる．このように，絶対零度に近づくにつれて，分子運動に使われるエネルギーが減るので，絶対零度では不規則な運動は，すべて停止する．これは，まさに乱雑さがまったくない系の（状態の）ことである．すなわち，無秩序の程度の指標となるエントロピーSがゼロになった

2.3 状態変化とエントロピー：熱力学第二, 三法則

ということである。

以上のことより，統計力学の確立において中心的な役割を果たしたボルツマンは，統計力学的なエントロピーを，有名な公式

$$S = k \ln W \tag{2.145}$$

で定義した。ここで，k はボルツマン定数 $(k = \dfrac{R}{N_A})$，W は与えられた T, P, V などの条件下で粒子系が到達可能な配置の数（微視的状態の数）である。例えば，四つの格子点への2個の等価な球の分配について考えてみる。配置の数は，${}_4C_2 = 6$ 通り である。したがって，$W = 6$ となる。

上述のように，ボルツマンの関係式（式(2.145)）によりエントロピー S が微視的な状態数 W で表される。例えば，ある容器内に2個の分子（分子1と2）が入っており，容器内を二分する。分子1●および分子2○があるとする。巨視的状態とは分子の総数だけを問題にする場合（図 2.17 (a)），微視的状態とは分子1と2のそれぞれがどこにあるかを問題にする場合である（図(b)）。時間とともに図(c)のように，1個ずつ両側に存在する一様分布の状態に向かうのである。図(d)のように，分子が2個とも片側にある状態は，両方とも左側にある1通りの方法あるいは両方とも右側にある1通りの方法でしか実現できず，W はどちらも1である。しかしながらが，各部分に1個ずつ分子が入っている状態は，2通りの方法があり，W は2になる。W は一様分布の場合が $W = 2$ で最大である。ボルツマンの関係式（式(2.145)）から，分子が二つとも片側に局在した状態では $W = 1$ より S は0であり，分子が1個ずつ両側にある状態では $W = 2$ より S は $k \ln 2$ となる。分子が偏在した状態よりも一様に分布した状態のほうにおいて S が大きくなることがわかる。すなわち，S とは微視的な方法の数の対数の k 倍である。これらより，エントロピー S は，無秩序さの尺度だといわれる。さらには，熱力学において無秩序さは，究極的に系の微視的な変化と関連がある。

60　2. 熱　力　学

(→ 分子1と分子2が箱の中にあればよい)

(a) 一　例

(b) 全　例

(c) 安定な系への移動

1通り　　　1通り　　　2通り

$W=1$　　　　$W=1$　　　　$W=2$（最大値，実現確率$\frac{1}{2}$）
$S=k\ln W=k\ln 1=0$　　　　　　$S=k\ln W=k\ln 2$

(d) これらとW, Sとの関係

図 2.17　二つの分子の二つの箱への入り方

|補足1|

① ${}_nC_r$ と ${}_nP_r$

${}_nC_r$：（「取り出しただけ」≡）「**組合せ**」⇒ **Conbination**
→〔例〕${}_4C_2=(4\times 3)/2!=6$, 四つのものの中から順序関係を意識せずに二つのものを取り出す組合せの総数

${}_nP_r$：（「順番に並べる」）「**順列**」⇒ **Permutation**
→〔例〕${}_4P_2=4\times 3=12$, 四つのものから順序関係を意識して二つのものを取り出す組合せの総数

② 系と分子集合体の比較

系（物質）　　　　　　　　　分子集合体
「マクロな見方」　≡　「ミクロな見方」
（巨視的な）　　　　　　　　（微視的な）
↓　　　　　　　　　　　　　↓
パラメータ S　　　　　　　パラメータ W

これらより，(1) ボルツマンの原理：$S=k\ln W$, (2) Wは対応する巨視的状

態の実現確率に比例する，ことが理解できる．

2.4 熱力学関数

2.4.1 熱力学第一法則と熱力学第二法則の関係

熱力学第一法則と熱力学第二法則の関係について数式的に考えてみる．（閉じた系での）熱力学第一法則は次式となる．

$$dU = \delta q + \delta w = \delta q - PdV \tag{2.146}$$

さらに，熱力学第二法則は次式となる．

$$\begin{cases} \delta q = TdS & \langle 可逆過程 \rangle & (2.147) \\ \delta q < TdS & \langle 不可逆過程 \rangle & (2.148) \end{cases}$$

これらを合わせて考えると式(2.122)および式(2.123)となり，熱力学第一法則・第二法則の結合式という．この式はこれから学ぶ四つの重要な式の一つである．

$$\begin{cases} dU = TdS - PdV & \langle 可逆過程 \rangle & (2.149) \\ dU < TdS - PdV & \langle 不可逆過程 \rangle & (2.150) \end{cases}$$

2.4.2 自由エネルギー

熱力学第一法則から U および H の熱力学パラメータが，および熱力学第二法則から S が得られる．ここでさらに**自由エネルギー**という新しい熱力学パラメータを定義するとつぎのようになる．

$$\begin{cases} \text{ヘルムホルツの自由エネルギー（最大仕事関数）：} \\ \qquad\qquad\qquad\qquad\qquad\qquad A \equiv U - TS & (2.151) \\ \text{ギブスの自由エネルギー：} \qquad G \equiv H - TS & (2.152) \end{cases}$$

これらの自由エネルギーについて考えてみる．**ヘルムホルツ**(Helmholtz)**の自由エネルギー**の定義式の全微分を行うと

式(2.151)の全微分：$dA = dU - d(TS) = dU - TdS - SdT$ (2.153)

となる。つぎに，定温条件 $dT=0$ を考慮して式 (2.153) を処理すると $(dA)_T = dU - TdS$ となり，第一法則・第二法則の結合式（式 (2.149)，式 (2.150)）と比較すると

$$\left.\begin{array}{l}(dA)_T = +\delta w \quad \langle 可逆過程 \rangle \\ (dA)_T < +\delta w \quad \langle 不可逆過程 \rangle \end{array}\right\} \quad (2.154)$$

のようになる。これらの式は定温可逆過程での系の最大仕事を示しており，ヘルムホルツの自由エネルギーが**最大仕事関数**と呼ばれる由縁でもある。さらに，仕事として PV 仕事のみ作用する（$\delta w = -PdV$）と考えると，定温・定容条件においては次式となる。

$$\left.\begin{array}{l}(dA)_{T,V} = 0 \quad \langle 可逆過程 \rangle \\ (dA)_{T,V} < 0 \quad \langle 不可逆過程 \rangle \end{array}\right\} \quad (2.155)$$

つぎに**ギブス** (Gibbs) **の自由エネルギー**について，同様に考えてみる。

式 (2.125) の全微分：$dG = dH - d(TS) = dH - TdS - SdT$

$$(2.156)$$

となり，H の全微分 $dH = dU + d(PV) = dU + PdV + VdP$ を考慮すると $dG = dU - TdS + PdV - SdT + VdP$ となり，定温・定圧条件（$dT=0$，$dP=0$）において

$$(dG)_{T,P} = dU - TdS + PdV \quad (2.157)$$

となり，第一法則・第二法則の結合式（式 (2.149) と式 (2.150)）と比較すると

$$\left.\begin{array}{l}(dG)_{T,P} = 0 \quad \langle 可逆過程 \rangle \\ (dG)_{T,P} < 0 \quad \langle 不可逆過程 \rangle \end{array}\right\} \quad (2.158)$$

となる。これらから，「可逆過程は平衡状態を表し，不可逆過程は自発変化の方向を表す」から，(a) 定温，定容の閉じた系に対して，系になんらかの仕事が加えられた場合，自発変化はヘルムホルツの自由エネルギー A が減少する方向に進行し，平衡においてはその値が最小となることがわかる。さらに，(b) 定温，定圧の閉じた系に対して，PV 仕事以外に系になんらかの仕事が加えられない場合，自発変化はギブスの自

由エネルギー G が減少する方向に進行し，平衡においてはその値が最小となることがわかる．

【演習 1】 以下の問に答えなさい．
体積変化の仕事以外の最大仕事 $W_{\text{ex-max}}$ および最大仕事 $W_{\max}$ は

$$dw_{\text{ex-max}} = dG \quad (P, T 一定，可逆過程) \qquad ①$$

$$dw_{\max} = dA \quad (V, T 一定，可逆過程) \qquad ②$$

で定義されることもある．$w_{\text{ex-max}}$ および $w_{\max}$ を，物質量（モル数）n，気体の物質量（モル数）n_g，気体定数 R，絶対温度 T およびギブスの自由エネルギー変化 ΔG を用いて示しなさい．

2.4.3 熱力学の基礎方程式

熱力学の基礎方程式として，1番目に U，H，A および G の全微分式から P，V，T および S のパラメータを用いて表すと，式(2.159)～(2.162)（式①）となる．なお，熱力学の基礎方程式とは熱力学の状態量間の微分方程式のことをいい，前提条件として，i) 一つの相をなす，純物質からなる，閉じた系の，可逆過程（可逆変化）であり，ii) 仕事 $\delta w = -PdV$ に従うとする．

$$① \begin{cases} dU = TdS - PdV & (2.159) \\ dH = TdS + VdP & (2.160) \\ dA = -SdT - PdV & (2.161) \\ dG = -SdT + VdP & (2.162) \end{cases}$$

これらの式は可逆過程を仮定しているが，状態量の完全微分系であるため，系の変化が可逆あるいは不可逆の過程を経たかに関係なく成立する点に留意する．

補足 2
熱力学の基礎方程式の導き方と関係
(1) 第一法則と第二法則の結合式：$dU = TdS - PdV$ (2.163)

2. 熱力学

(3) と (4) へ | (2) へ
H の定義式の微分式
$$H \equiv U + PV \rightarrow dH = dU + d(PV)$$
$$= (TdS - \underline{PdV}) + (\underline{PdV} + VdP) \quad (\because (2.163))$$

(2) $\quad dH = TdS + VdP \quad\quad\quad\quad\quad\quad (2.164)$

A の定義式の微分式：$dA = dU - d(TS)$ に，式 (2.163) を代入
G 〃 $\quad dG = dH - d(TS)$ 〃 式 (2.164) 〃

$\rightarrow \quad dA = (\underline{TdS} - PdV) - (\underline{TdS} + SdT)$
$\quad\quad\; dG = (\underline{TdS} + VdP) - (\underline{TdS} + SdT)$

(3) $\quad dA = -SdT - PdV \quad\quad\quad\quad\quad (2.165)$

(4) $\quad dG = -SdT + VdP \quad\quad\quad\quad\quad (2.166)$

また，$U = (S, V)$，$H = (S, P)$，$A = A(T, V)$，$G = G(T, P)$ のように，U, H, A および G の熱力学関数を P, V, T および S のパラメータの 2 変数関数として表記すると，次式（式 (2.167)〜(2.170) ≡ 式②）が得られる。

② $\begin{cases} dU = \left(\dfrac{\partial U}{\partial S}\right)_V dS + \left(\dfrac{\partial U}{\partial V}\right)_S dV & (2.167) \\[6pt] dH = \left(\dfrac{\partial H}{\partial S}\right)_P dS + \left(\dfrac{\partial H}{\partial P}\right)_S dP & (2.168) \\[6pt] dA = \left(\dfrac{\partial A}{\partial T}\right)_V dT + \left(\dfrac{\partial A}{\partial V}\right)_T dV & (2.169) \\[6pt] dG = \left(\dfrac{\partial G}{\partial T}\right)_P dT + \left(\dfrac{\partial G}{\partial P}\right)_T dP & (2.170) \end{cases}$

補足 3

熱力学関数（U, H, A および G）には，それぞれを定義するのに適切な独立変数の組合せがあり，これらは「自然な変数（あるいは独立変数）」と呼ばれる。

熱力学関数	自然な変数（あるいは独立変数）	関数式
U	S, V	$U = U(S, V)$
H	S, P	$H = H(S, P)$
A	T, V	$A = A(T, V)$
G	T, P	$G = G(T, P)$

2.4 熱力学関数

ここで，式①と式②を比較すると

$$
③\begin{cases}
T = \left(\dfrac{\partial U}{\partial S}\right)_V = \left(\dfrac{\partial H}{\partial S}\right)_P & (2.171)\\[6pt]
-P = \left(\dfrac{\partial U}{\partial V}\right)_S = \left(\dfrac{\partial A}{\partial V}\right)_T & (2.172)\\[6pt]
V = \left(\dfrac{\partial H}{\partial P}\right)_S = \left(\dfrac{\partial G}{\partial P}\right)_T & (2.173)\\[6pt]
-S = \left(\dfrac{\partial A}{\partial T}\right)_V = \left(\dfrac{\partial G}{\partial T}\right)_P & (2.174)
\end{cases}
$$

が得られる。これらの式（式③）に完全微分の性質を用いると**マクスウェル**（Maxwell）**の関係式**（式④）が得られ，**図2.18**のような関係がある。

$$
④\begin{cases}
\left(\dfrac{\partial T}{\partial V}\right)_S = -\left(\dfrac{\partial P}{\partial S}\right)_V & (2.175)\\[6pt]
\left(\dfrac{\partial T}{\partial P}\right)_S = \left(\dfrac{\partial V}{\partial S}\right)_P & (2.176)\\[6pt]
-\left(\dfrac{\partial S}{\partial V}\right)_T = -\left(\dfrac{\partial P}{\partial T}\right)_V & (2.177)\\[6pt]
-\left(\dfrac{\partial S}{\partial P}\right)_T = \left(\dfrac{\partial V}{\partial T}\right)_P & (2.178)
\end{cases}
$$

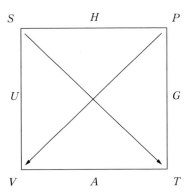

図2.18 ボルンの図式

【演習1】 理想気体の状態方程式について，循環則が成り立つことを確認しなさい。

【演習2】 閉じた系の可逆過程において，以下の微分式を導きなさい。
$$dA = -SdT - PdV \cdots ①, \qquad dG = -SdT + VdP \cdots ②$$

【演習3】 マクスウェルの関係式の第一式より第二式を導きなさい。

第一式：$\left(\dfrac{\partial T}{\partial V}\right)_S = -\left(\dfrac{\partial P}{\partial S}\right)_V$, 　　第二式：$\left(\dfrac{\partial T}{\partial P}\right)_S = \left(\dfrac{\partial V}{\partial S}\right)_P$

【演習4】 取り扱う物質の状態（理想気体，液体など）を限定せずに，定温におけるエントロピー変化を表す式を導きなさい。

2.4.4　ギブス・ヘルムホルツの式

ギブスの自由エネルギー G の圧力変化を考えてみる。一つの相をなす純物質に式(2.162)の定温条件（$dT=0$）での式を示すと式(2.179)となり，理想気体の状態方程式 $V_{id} = \dfrac{nRT}{P}$ を考慮すると，式(2.180)となる。

$$dG = VdP \quad (T：一定) \tag{2.179}$$

$$dG = V_{id}dP = nRT\left(\dfrac{dP}{P}\right) = nRT(d\ln P) \quad (T：一定) \tag{2.180}$$

上記のことを考慮して状態1〜2まで積分を考えると

$$\Delta G = G_2 - G_1 = nRT\left(\ln\dfrac{P_2}{P_1}\right) \quad (T：一定) \tag{2.181}$$

となる。また，1 mol 当りの示量的状態量をダッシュ（′）を付けて示すと次式となる。

$$\text{式(2.179)} \rightarrow dG' = V'dP \quad (T：一定, n=1) \tag{2.182}$$

$$\text{式(2.180)} \rightarrow dG' = V'_{id}dP = RT(d\ln P) \quad (T：一定, n=1) \tag{2.183}$$

つぎに，一つの相をなす純物質に式(2.166)の定圧条件（$dP=0$）を考えると

$$dG = -SdT \quad (P：一定) \tag{2.184}$$

となり，G の定義式から $S = \dfrac{H-G}{T}$ なので

$$dG = -(H-G)\cdot\frac{dT}{T} \quad \text{または} \quad TdG - GdT = -HdT \quad (2.185)$$

$$\therefore \quad d\left(\frac{G}{T}\right) = \frac{-HdT}{T^2} = Hd\left(\frac{1}{T}\right)$$

または

$$\left(\frac{\partial(G/T)}{\partial(1/T)}\right)_P = H \qquad (P:\text{一定}) \qquad (2.186)$$

というギブス・ヘルムホルツの式が得られる。

【演習1】 つぎの問に答えなさい。
(1) 理想気体 2.0 mol を 298 K で 1.0 atm より 100 atm まで定温可逆圧縮した。このときのギブスの自由エネルギー変化 ΔG を求めなさい。
(2) 理想気体 3.0 mol を定容下で 298 K より 350 K まで加熱した。ヘルムホルツの自由エネルギー変化 ΔA および ΔG を求めなさい。なお、定容モル熱容量 $C_{V,m}$ は 12.5 J/(K·mol)，298 K でのエントロピー S_{298} は 150 J/(K·mol) である。

【演習2】 つぎの (a) および (b) の場合でのギブスの自由エネルギー変化 ΔG を求めなさい。
(a) 100℃，1 atm で，水 10 mol が同温同圧の水蒸気に変化する場合。
(b) 5 mol の理想気体を温度一定条件（25℃）で 1 atm から 20 atm まで準静的に圧縮する場合。

【演習3】 ギブスの自由エネルギー G の定義式：$G = H - TS$ …①より，ギブス・ヘルムホルツの式：$d\left(\frac{G}{T}\right) = \frac{-HdT}{T^2} = Hd\left(\frac{1}{T}\right)$ …②を導きなさい。

2.4.5 式 $\Delta G = \Delta H - T\Delta S$ について

〔1〕 **化学反応の進む向き** $\Delta G = \Delta H - T\Delta S$ の考え方を化学の現象や反応などに適用するために，定温・定圧条件下での初期状態から最終状態の過程を考え，初期および最終の状態において $G_i = H_i - TS_i$ …(2.187)，および $G_f = H_f - TS_f$ …(2.188) (G_i, G_f, H_i, H_f, S_i および S_f は，初期状態と最終状態のギブスの自由エネルギー，エンタルピーとエントロピー) である。さらに，式 (2.187) と式 (2.188) の差より，$\Delta G = G_f - G_i$

$=\Delta H-T\Delta S$…(2.189) ($\Delta H=H_f-H_i$, $\Delta S=S_f-S_i$) である。反応進行には $\Delta G\leq 0$…(2.190)，および熱平衡には $\Delta G=0$ なので，$\Delta H-T\Delta S\leq 0$ …(2.191) となる必要がある。さらに，ΔH は $\Delta H=\Delta Q$ である。これらより，つぎの a) および b) の場合が成立する。

a) 発熱反応の場合 ($\Delta H<0$, $\Delta S<0$, $|\Delta H|>T|\Delta S|$)
「H の得」>「S の損」　　　　　　　　　　　　　　(2.192)

b) 吸熱反応の場合 ($\Delta H>0$, $\Delta S>0$, $|\Delta H|<T|\Delta S|$)
「S の得」>「H の損」　　　　　　　　　　　　　　(2.193)

〔2〕 化学反応の進む向きの実例

(a) 水 と 氷　相転移の場合の例。相転移温度（氷点，0℃）以下では a) の場合に相当して氷が安定な状態，相転移点では H の損＝S の得 となって氷と水が共存し，相転移温度以上では b) の場合に相当して水が安定な状態になる。

(b) 脂質二分子膜　相転移の場合の例で (a) の場合と同様に考える。脂質 2 分子膜は，相転移温度以下では a) の場合（H 的に有利）に相当し固体状態（固相）が安定で，相転移温度以下では b) の場合（S 的に有利）に相当し液体状態（液相）が安定である。

(c) 溶液から固体表面への分子吸着と固体表面から溶液中への分子溶解　吸着すると，束縛されて自由さを失うので S 的には不利になり，a) の場合に相当する。溶解によって束縛が解け自由さを得るから S 的には有利である。b) の場合に相当する。

(d) 溶液の調製　A 分子と B 分子が混合し溶液になった場合，分子の存在範囲が広いので S は得（この S を混合の S という，b) に対応）である。

引用・参考文献

1) 藤代亮一 訳:ムーア物理化学（第4版），東京化学同人 (1978)
2) 高橋克明，高田利夫，塩川二郎，平井竹次，松田好晴:現代の物理化学Ⅰ，朝倉書店 (1987)
3) 近藤 保 ほか:生物物理化学，三共出版 (1992)
4) 上野 実 ほか監訳:ベムラパリ物理化学Ⅰ－巨視的な系:熱力学－，丸善 (2000)
5) 梶本興亜，寺島正秀，佐藤啓文:基礎物理化学，培風館 (2006)
6) 井手本康 ほか:理工系の基礎 基礎化学，丸善出版 (2015)
7) 高橋克明，高田利夫，塩川二郎，平井竹次，松田好晴:現代の物理化学Ⅰ，p.64, p.67, p.89, 朝倉書店 (1987)

3章 気体分子運動論と統計熱力学

前章までに見てきたように，古典熱力学では，系（物質）の巨視的（マクロ）な性質の相関関係を明らかにすることができる。しかし，一般的に化学では"系を構成する分子（原子）の振舞い"に着目しているため，このような微視的（ミクロ）な性質を基にさまざまな現象を理解する必要が生じる。統計熱力学は，系を構成する分子集団の性質を統計に基づいて解釈する学問であり，これにより微視的（ミクロ）な性質の平均として巨視的（マクロ）な性質を導くことができる。3.1節では分子の振舞いを理解するため気体分子運動論を学び，3.2節では統計熱力学を用いることで微視的（ミクロ）な性質と巨視的（マクロ）な性質の関係を明らかにしていく。

3.1 気体分子運動論

3.1.1 気体分子運動論とは

気体分子運動論とは，気体（粒子，普通は分子）がどのように振る舞うかを考える基礎となる理論であり，広義には，気体分子の運動を考慮して，気体の圧力，拡散，熱伝導，粘性などを取り扱う理論である。このとき，気体は理想気体として振る舞うことを前提とする。

また，気体分子運動論は，以下の仮定を前提とした仮説である。

(1) 気体は，小さな粒子からできている。
(2) 気体粒子は，等速運動をしている。

(3) 気体粒子どうしおよび気体粒子と容器壁において,相互作用がない。
(4) 気体粒子は別の気体粒子または容器壁と衝突する。このとき,衝突の前後で運動エネルギーの合計は変化せず,完全弾性衝突をする。

特に(1)については,気体を構成する粒子が剛体であると仮定する。剛体の衝突を基にして気体の性質を予測する場合,気体の物理的な振舞いのみを扱うことになり,化学的な振舞い(電子を考慮した振舞い)を問題にしていない。したがって,気体分子運動論では,量子力学でなく古典力学を使う。

また,気体の物理学的な性質を知るためには,それぞれの気体粒子の性質の統計的な平均値を求めればよい。したがって,この節に出てくる考え方の一部は,統計熱力学に関係している。

3.1.2 気体の圧力とエネルギー

前章の古典熱力学でも気体の圧力を巨視的な観点から学んでいるが,本節では気体分子運動論により微視的な観点から"圧力の本質"について考える。

一辺の長さが L の立方体容器中に含まれる気体分子を考えてみる。立方体の三辺の方向に x, y および z 軸をとり,任意の分子について速度 v [m/s] の各方向への成分を v_x, v_y および v_z とする。このとき

$$v^2 = v_x^2 + v_y^2 + v_z^2 \tag{3.1}$$

となる。分子と容器壁の衝突を完全弾性衝突とすると,衝突の際の入射と反射の角度は等しく,衝突前後において壁と垂直方向の速度成分の向きは逆になるが,その大きさは等しい。

したがって,例えば図3.1に示すように x 軸に垂直な壁との衝突により v_x は $\pm v_x$ から $\mp v_x$ のように符号を変える。ここで,分子の質量を m [kg] とすれば,この1回の衝突による運動量の x 成分変化の大き

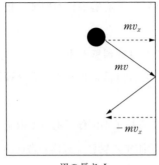

図 3.1 容器壁への衝突の際の気体分子の運動量変化

一辺の長さ L

さは $|m(\mp v_x) - m(\pm v_x)|$ と表せるので $2mv_x$ となる。一つの分子が同じ壁に衝突する間に移動する距離の x 成分は $2L$ なので，一つの分子が x 軸に垂直な一つの壁と単位時間に衝突する回数は $\dfrac{v_x}{2L}$ となる。したがって，この壁との衝突による単位時間当りの運動量の変化は $\dfrac{mv_x^2}{L}$ となる。

容器中の全分子数を N，その v_x^2 の平均を $\overline{v_x^2}$ とすると，一つの壁との衝突による運動量の x 成分の単位時間当りの変化は $N\dfrac{m\overline{v_x^2}}{L}$ となる。ここで，単位時間の運動量の変化は力なので，この x 軸に垂直な壁に及ぼされる圧力 P は壁の面積 L^2 で割ることにより，式 (3.2) のように計算できる（V は容積）。

$$P = \frac{Nm\overline{v_x^2}}{L^3} = \frac{Nm\overline{v_x^2}}{V} \tag{3.2}$$

さらに，多数の分子を扱う場合，分子の運動は無秩序なので他の方向の速度成分の平均値も大きさは変わらない。式 (3.1) を考慮すると

$$\overline{v_x^2} = \overline{v_y^2} = \overline{v_z^2} = \frac{\overline{v^2}}{3} \tag{3.3}$$

となる。なお，$\overline{v^2}$ は **平均二乗速度** と呼ばれる。これを用いて圧力を表すと

3.1 気体分子運動論

$$P = \frac{Nm\overline{v^2}}{3V} \quad \text{あるいは} \quad PV = \frac{Nm\overline{v^2}}{3} \tag{3.4}$$

となり，理想気体の圧力は分子の平均二乗速度と関係していることがわかる。

さらに，式(2.10)で表される理想気体の状態方程式を用いると式(3.4)から以下の関係が得られる。

$$\frac{Nm\overline{v^2}}{3} = nRT \tag{3.5}$$

ただし，n は分子数 N に対応するモル数である。したがって，気体に含まれる N 個の分子の全（並進）運動エネルギー E_t を以下の式で表すことができる。

$$E_t = \frac{1}{2} Nm\overline{v^2} = \frac{3}{2} nRT \tag{3.6}$$

また，アボガドロ数 N_A と N の間には $N = nN_A$ の関係があるので，式(3.6)から

$$\frac{1}{2} N_A m\overline{v^2} = \frac{3}{2} RT \tag{3.7}$$

が得られる。この式を変形するとつぎに示す式(3.8a)となり，最終的に式(3.8b)のように**根平均二乗速度** $\sqrt{\overline{v^2}}$ が求められる。

$$\overline{v^2} = \frac{3RT}{N_A m} = \frac{3RT}{M} \tag{3.8a}$$

$$\sqrt{\overline{v^2}} = \sqrt{\frac{3RT}{M}} \tag{3.8b}$$

ただし，M はモル質量〔kg/mol〕である。これより，異なる分子であっても同じ温度では運動エネルギーが等しく，低分子量の分子ほど大きい速度をもつことがわかる。

以上の内容を整理すると，つぎのことがいえる。

(1) 気体分子運動論を考えるとき，平均二乗速度および根平均二乗速度（式(3.8a)と式(3.8b)）が重要である。

(2) 理想気体の圧力は，平均二乗速度を用いて式(3.4)のように表すことができる。

(3) 全（並進）運動エネルギー E_t は式(3.6)のように表せる。また，E_t はこの系の内部エネルギー U に相当する。理想気体の状態方程式を考慮すると，圧力と以下の関係がある。

$$PV = \frac{2}{3}E_t = \frac{2}{3}U \tag{3.9}$$

温度一定の条件では，E_t および U は一定なので，式(3.9)はボイル (Boyle) の法則を意味している。

(4) 多成分からなる混合気体では，各成分について式(3.9)が成り立つ。したがって，成分 i の圧力を P_i，（並進）運動エネルギーを E_{ti} とすると，各成分の圧力を

$$P_1 = \frac{2}{3V}E_{t1}, \quad P_2 = \frac{2}{3V}E_{t2}, \quad \cdots \tag{3.10}$$

と表すことができる。これより，各成分の分圧と全圧の間には以下の関係があることがわかる。

$$P_1 + P_2 + \cdots = \frac{2}{3V}(E_{t1} + E_{t2} + \cdots) = \frac{2}{3V}E_t = P \tag{3.11}$$

つまり，各成分の分圧の和は全圧に等しい。この関係を**ドルトン** (Dalton) **の法則**と呼ぶ。

(5) 気体の運動エネルギーと圧力には式(3.9)の関係があるため，理想気体では気体の運動エネルギーと温度に重要な関係がある。話を簡単にするため1 molの気体を考えると，理想気体の状態方程式と式(3.9)より

$$E_t = \frac{3}{2}RT \tag{3.12}$$

が成り立つ。ここで1個の分子の平均運動エネルギー ε_t を考えると

$$\varepsilon_t = \frac{3}{2}\frac{R}{N_A}T = \frac{3}{2}kT \tag{3.13}$$

と表すことができる。ここで，kは**ボルツマン**（Boltzmann）**定数**である。ボルツマン定数は，微視的な（ミクロな）世界，すなわち原子・分子のレベルで重要な定数であり，1分子当りの気体定数ととらえることができる。また，その値は以下のように計算できる。

$$k = \frac{R}{N_A} = \frac{8.314 \,[\text{J/(K} \cdot \text{mol)}]}{6.022 \times 10^{23} \,[\text{mol}^{-1}]} = 1.381 \times 10^{-23} \,[\text{J/K}] \quad (3.14)$$

式(3.13)からわかる最も重要な点は，「分子の運動エネルギーは絶対温度に比例する」という事実である。逆にいうと，気体の温度は分子の運動エネルギーを表している。また，この関係から1自由度（並進運動の各方向）当り$\frac{kT}{2}$のエネルギーが割り当てられることがわかる。

【演習1】 一辺の長さがLの立方体（容積$V = L^3$）にN個の分子が気体として存在しているとき，以下の二つの式が成り立つことを証明しなさい。

$$P = \frac{Nm\overline{v^2}}{3V}$$

$$\sqrt{\overline{v^2}} = \sqrt{\frac{3RT}{M}}$$

ただし，理想気体として振る舞うものとし，分子と壁は完全弾性衝突するものとする。なお，$\overline{v^2}$，m，M，R，TはそれぞれN個の分子の平均二乗速度，分子の質量，モル質量，気体定数，絶対温度である。

3.1.3 気体分子の速度

分子の速度分布がわかれば，平均二乗速度（およびその平方根である根平均二乗速度）を含め，分子の速度に関する重要な知見が得られる。速度分布の詳しい導出方法は3.2.4項で説明するが，速度の大きさがvと$v + dv$の間にある分子の数をdN，全分子数をNとすると，その割合は式(3.15)で表すことができる。

$$\frac{dN}{N} = f(v)dv = 4\pi \left(\frac{M}{2\pi RT}\right)^{3/2} v^2 \exp\left(-\frac{Mv^2}{2RT}\right) dv \quad (3.15)$$

この関数は**図 3.2** のようになり，**マクスウェルの速度分布則**と呼ばれる。なお，マクスウェルの速度分布則は，「系が平衡状態にあるとき，エネルギー ε をもつ粒子の割合は，$\exp\left(-\dfrac{\varepsilon}{kT}\right)$ に比例する」というボルツマンの分布則の特別な場合になっているので，**マクスウェル・ボルツマンの速度分布則**とも呼ばれる。

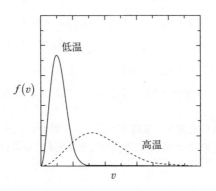

図 3.2 気体分子の速度分布

また，$f(v)$ は 1 分子当りの速度分布関数であり，v という速度になる確率を意味している。したがって，以下の条件が成り立つ。

$$\int_0^\infty f(v)\,dv = 1 \tag{3.16}$$

この性質を利用して，根平均二乗速度だけでなく，平均速度を求めることができる（本項末演習 2 参照）。

(1) 根平均二乗速度

$$\sqrt{\overline{v^2}} = \sqrt{\dfrac{3RT}{M}} = \sqrt{\dfrac{3kT}{m}} \tag{3.17}$$

(2) 平 均 速 度

$$\overline{v} = \sqrt{\dfrac{8RT}{\pi M}} = \sqrt{\dfrac{8kT}{\pi m}} \tag{3.18}$$

また，$f(v)$ が極大値をとる速度を最大確率速度 $v_{\max}$ といい，つぎのように表すことができる（本項末演習 1 参照）。

(3) 最大確率速度

$$v_{\max} = \sqrt{\frac{2RT}{M}} = \sqrt{\frac{2kT}{m}} \tag{3.19}$$

以上のことから，気体の種類や温度によらず，これらの3種類の速度には以下の関係が成り立つことがわかる。

$$\sqrt{\overline{v^2}} : \overline{v} : v_{\max} = \sqrt{3} : \sqrt{\frac{8}{\pi}} : \sqrt{2}$$

【演習1】 気体分子の速度分布関数 $f(v)$ はつぎの式で表すことができる。

$$f(v) = 4\pi \left(\frac{M}{2\pi RT}\right)^{3/2} v^2 \exp\left(-\frac{Mv^2}{2RT}\right)$$

(1) $f(v)$ が極大値となる速度（最大確率速度 $v_{\max}$）を求めなさい。
(2) $f(v_{\max})$ を求めなさい。
(3) $v_{\max}$ から $\pm 1\,\mathrm{m/s}$ の範囲に入る確率の計算方法を説明しなさい。
(4) (1)〜(3)の結果を基に，$v_{\max}$ と $f(v_{\max})$ の温度に対する変化を定性的に説明しなさい。

【演習2】 つぎの問に答えなさい。
(1) 速度の平均値 $\overline{v}$ を求めなさい。ただし，以下の関係（ガウス関数の積分）を用いること。

$$\int_0^\infty x^3 e^{-ax^2} dx = \frac{1}{2a^2}$$

(2) 平均速度 $\overline{v}$ と最大確率速度 $v_{\max}$ の比を求めなさい。
(3) 気体の酸素分子の25℃における根平均二乗速度，平均速度，最大確率速度を求めなさい。

3.1.4 気体分子運動論と実在気体の状態方程式

前項まで，気体は理想気体として振る舞うものと考えてきたが，それだけでは実際の現象を説明できない。これは，実在気体と理想気体の違いに起因するが，その最も大きな違いを整理すると以下のようになる。

理想気体：(a) 気体を構成する分子は十分小さく，体積0の点とみなせる。

(b) 気体分子の間には相互作用，すなわち引力も斥力も

働かない。

実在気体：(a) 気体の分子は大きさ（体積）をもつ。

(b) 気体分子の間には相互作用が働き，その相互作用は微小なときもあるが，ときとして非常に大きくなる。

つまり，「(a) 分子がある大きさをもつこと」と「(b) 分子間に相互作用が働くこと」を考慮せずには，実在気体の P-V-T 関係を示す状態方程式は得られない。ここでは，気体分子運動論と深い関係がある，いくつかの状態方程式について述べる。

〔1〕 **圧縮因子 z の式**

$$PV_m = zRT \quad \text{あるいは} \quad z = \frac{PV_m}{RT} \tag{3.20}$$

理想気体からのずれを補正するため，1 mol についての理想気体の状態方程式（V_m はモル体積）について，定数を用いて補正した式を**圧縮因子（圧縮率因子）の式**と呼ぶ。N_2, CO_2 の例を**図 3.3** に示す。

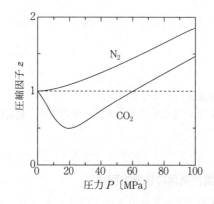

図 3.3 圧縮因子の圧力依存性（350 K）

低圧の極限，すなわち気体の密度が低い極限においては「(a) 分子がある大きさをもつこと」と「(b) 分子間に相互作用が働くこと」を考慮する必要がないため，すべての気体は理想的な挙動を示す（図において $P = 0$ atm）。

一方で高圧の極限においては，すべての気体について「(a) 分子があ

る大きさをもつこと」の影響がきわめて大きくなる。すなわち，分子自身の大きさが邪魔するために理想気体よりも圧縮しにくくなり，体積が増加する。そこで，$z>1$ として分子の排除体積または分子間の斥力を補正する。

また，比較的高圧の条件では，「(a) 分子がある大きさをもつこと」と「(b) 分子間に相互作用が働くこと」の影響のバランスで圧縮因子が決まる。CO_2 のように分子間の相互作用（引力）が比較的大きい場合は圧縮しやすくなり，体積が減る傾向がある。したがって，$z<1$ として分子間力の引力を補正する。

このように，圧縮因子を用いた状態方程式は，ミクロなレベルでの分子間の影響を考慮した式である。

〔2〕 **ビリアル方程式**

$$PV_m = A' + B'P + C'P^2 + \cdots \tag{3.21}$$

ビリアル（virial）**方程式**は圧縮因子の概念を応用して，PV_m を P（または $\frac{1}{V_m}$）のべき級数に展開した状態方程式である。なお，ビリアルは人名ではなく，ラテン語の「力」に由来し，「気体が非理想的であるのは原子や分子間の力のためである」ということを意味している。式 (3.21) のべき級数を考慮することにより，高圧，低温における気体の挙動をよりよく表すことができる。また，1 mol の式なので $A' = RT$ であり，あまり高圧でない条件のときは P^2 の項以降を無視することができる。

一般的には，圧縮因子の式に対応させてつぎのような示し方をすることが多い。

$$\frac{PV_m}{RT} = 1 + B''P + C''P^2 + \cdots \tag{3.22}$$

$$\frac{PV_m}{RT} = 1 + \frac{B}{V_m} + \frac{C}{V_m^2} + \cdots \tag{3.23}$$

式 (3.20) と比較するとわかるように，右辺の第 2 項以降は z の補正項で

あり，B'', C'', … （または B, C, …）はそれぞれ第2ビリアル係数，第3ビリアル係数，…と呼ばれる。これらの係数（B と B'', C と C'', …）は一致しないがたがいに関係しており，例えば $B'' = \dfrac{B}{RT}$ の関係がある。

　実際には，第2ビリアル係数（B'' および B）が最大の非理想項（最も大きな補正を含んだ項）であり，実在気体の非理想性を示す最も重要な尺度である。例えば，320 K では $B = -1.2(\mathrm{N_2})$, $-105.8(\mathrm{CO_2})$ [cm^3/mol] であり，圧縮因子と同様に分子あるいは結合の極性が補正項に大きく影響していることがわかる。

　また，第2ビリアル係数は温度に依存し，B'' および B が 0 になる温度が存在する（本項末演習3参照）。この温度を気体のボイル温度 T_B という。T_B において，例えば式 (3.23) は

$$\frac{PV_m}{RT} = 1 + \frac{0}{V_m} + \cdots \fallingdotseq 1 \tag{3.23}'$$

となる。これは，実在気体が理想気体のように振る舞うことを意味している。

〔3〕　**ファンデルワールスの状態方程式**

$$\left\{P + a\left(\frac{n}{V}\right)^2\right\}(V - nb) = nRT \tag{3.24a}$$

ファンデルワールス（van der Waals）**の状態方程式**は，理想気体の状態方程式を「(a) 分子がある大きさをもつこと」と「(b) 分子間に相互作用が働くこと」の二つの観点から補正した式であり，それぞれに物理的な意味が存在する。また，1 mol 当りの式として，しばしば以下の式も用いられる。

$$\left(P + \frac{a}{V_m^2}\right)(V_m - b) = RT \tag{3.24b}$$

以下に，式 (3.24a) を用いて各補正項の意味を説明する。

(a) 排除体積に関する補正項：nb による体積の補正　分子は有限の体積をもつので，他の分子が入ることのできない排除体積を有する。このため，分子が自由に動ける空間は減少する。**図3.4**のように2個の分子として半径 r の剛球体を考える。2個の分子の中心は距離 $2r$ 以内に接近できないので，1対の分子に対して排除体積は半径 $2r$ の球であり，体積は $\frac{4}{3}\pi(2r)^3 = 8 \times \frac{4}{3}\pi r^3$ となり，1分子当りの排除体積は1分子の体積の4倍となる。1 mol の気体の排除体積を b とすれば式 (3.24a) のように $n\,[\mathrm{mol}]$ では nb となる。

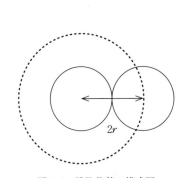

図3.4　排除体積の模式図

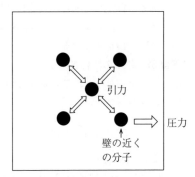

図3.5　圧力補正の意味

(b) 分子間相互作用（分子間引力）に関する補正項：$a\left(\dfrac{n}{V}\right)^2$ による圧力の補正　他の気体分子に完全に囲まれている分子は周囲の全方向から分子間引力により引かれるが，容器の壁の近くにある分子は内側のみに引かれる（**図3.5**）。この内側に引かれる力は，単位時間，単位面積当りの器壁に衝突する分子の数と，この衝突分子を内側に引っ張る背後の分子の数に比例する。これらの分子の数は共に単位体積中のモル数（分子の数密度 $\dfrac{n}{V}$）に比例するから，比例定数を a とすれば圧力は $a\left(\dfrac{n}{V}\right)^2$ だけ減少することになる。したがって，これを P 項に加えて補正する。

【演習 1】 ファンデルワールスの状態方程式における補正項の意味を説明しなさい。

$$\left(P + \frac{an^2}{V^2}\right)(V - nb) = nRT$$

【演習 2】 以下の問に答えなさい。

(1) ある気体を 10 L の加圧容器に 25℃,150 atm で充てんした。25℃,150 atm において圧縮因子が 1.12 である場合,この気体の物質量〔mol〕を求めなさい。ただし,気体定数は 0.0821 L·atm/(mol·K) である。

(2) ある気体 1.26×10^2 mol が 298 K で 20.0 L の容器に充てんされている。(a) 理想気体および (b) ファンデルワールスの状態方程式に従う実在気体を仮定した場合の,それぞれの圧力を求めなさい。なお,この気体のファンデルワールス定数を $a = 2.253$ L^2·atm/mol^2 および $b = 4.278 \times 10^{-2}$ L/mol とする。

【演習 3】 以下の問に答えなさい。

(1) ファンデルワールスの状態方程式を,ビリアル方程式(次式)の形に書き換えなさい。

$$\frac{PV_m}{RT} = 1 + \frac{B}{V_m} + \frac{C}{V_m^2} + \cdots$$

なお,$x \ll 1$ のとき $(1-x)^{-1} = 1 + x + x^2 + \cdots$ が成り立つ。

(2) (1)で求めた関係を用いて第 2 ビリアル係数 B が 0 になる温度を求めなさい。

3.1.5 気体の液化:気体と液体の境目

実在気体の状態方程式を用いることによって,気体と液体の境目(臨界点)に関する重要な知見が得られる。ここでは,**図 3.6** に示した二酸化炭素(CO_2)の各種温度 T における P-V_m の関係(等温線)を基に考えていく。

まず最初に,十分に高温(例えば 80℃)における等温線を見てみると,理想気体と類似した挙動(すなわち $PV = $ 一定)を示していることがわかる。しかし,温度が低くなると理想気体の挙動から大きく逸脱するようになり,31℃ で等温線上に変曲点(点 K)が見られる。これを**臨界点**と呼ぶ。さらに温度を下げると,圧力が一定となる部分(点 A～点

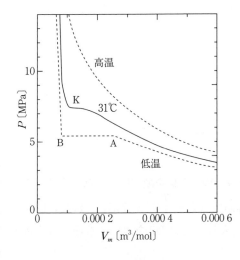

図3.6 二酸化炭素（CO_2）の各温度における圧力 P-モル体積 V_m の関係

Bまでは圧力が一定）が見られるようになる。このような温度では，十分に低圧な状態から点Aまでは理想気体と類似の挙動を示しているが，点Aより気体の凝縮による液化が始まり，点Bまでに全部が液化する。また，点Bより圧力が増加しても液体は圧縮されにくいので，曲線はほぼ垂直に上昇する。先に述べた臨界点は点Aと点Bが重なっていることを意味しているため，臨界点では不連続的な液化は起こらず，液体と気体を区別できないことがわかる。

この臨界点における圧力，モル体積，温度を，それぞれ**臨界圧力**（P_c），**臨界体積**（V_{mc}），**臨界温度**（T_c）といい，実在気体の状態方程式を用いて求めることができる。まず，式(3.24b)のファンデルワールスの状態方程式を以下のように変形する。

$$P = \frac{RT}{V_m - b} - \frac{a}{V_m^2} \tag{3.25}$$

臨界点は等温線上での変曲点なので，P の V_m に対する1階および2階の偏微分が0という条件を用いると，臨界圧力，臨界体積，臨界温度とファンデルワールス定数（a, b）の関係は以下のようになる（本項末演習1参照）。

$$\begin{cases} P_c = \dfrac{a}{27b^2} & \text{(3.26a)} \\[6pt] V_{mc} = 3b & \text{(3.26b)} \\[6pt] T_c = \dfrac{8a}{27bR} & \text{(3.26c)} \end{cases}$$

これらの値はファンデルワールス定数によって決まるので,各気体について固有の定数になる。

また,P, V_m, T を臨界定数で割った値を換算圧力 ($P_R = \dfrac{P}{P_c}$),換算モル体積 ($V_{mR} = \dfrac{V_m}{V_{mc}}$),換算温度 ($T_R = \dfrac{T}{T_c}$) と呼ぶ。これらの関係をファンデルワールスの式に代入し,式(3.26)を用いて整理すると以下の関係が得られる。

$$\left(P_R + \dfrac{3}{V_{mR}^{\,2}}\right)\left(V_{mR} - \dfrac{1}{3}\right) = \dfrac{8}{3} T_R \tag{3.27}$$

この式は,個々の気体に関係するファンデルワールス定数 (a, b) を含まない。つまり,P_R, V_{mR}, T_R で表すと,すべての気体は同じ状態方程式によく従う。したがって,すべての気体の理想気体からのずれは換算変数 (P_R, V_{mR}, T_R) により決まることになり,このことを**対応状態の法則**と呼ぶ。

【演習1】 以下の問に答えなさい。
(1) ファンデルワールスの状態方程式における定数 a, b(ファンデルワールス定数)と臨界定数 (P_c, V_{mc}, T_c) の関係を導きなさい。

$$V_{mc} = 3b, \quad T_c = \dfrac{8a}{27bR}, \quad P_c = \dfrac{a}{27b^2}$$

(2) 圧力 P,モル体積 V_m,温度 T を臨界定数で割った換算変数を用いると,ファンデルワールスの状態方程式から気体の種類に依存しない状態方程式が得られることを証明しなさい。

3.1.6 気体分子の衝突

気体分子運動論において,分子などは内部構造をもたない剛体球とし

て取り扱われる。したがって，二つの分子の衝突はたがいに接触したときに起き，その瞬間，大きな反発力により別々に飛び去る。本項では，このような近似を用いた分子の衝突理論に基づき，衝突頻度 z 〔s^{-1}〕，衝突数 Z〔$m^{-3} \cdot s^{-1}$〕，平均自由行程 λ〔m〕について説明する。

〔1〕 **異種分子間の衝突** まず最初に，異種分子AとBの衝突を考える。それぞれの分子を直径 d_A，d_B の剛球体とし，その直径の平均値を d_{AB} とする。このとき，A分子の中心のまわりに半径 d_{AB} の球を描くと，B分子中心がこの球の内部に入るときは，いつもA分子と衝突を起こすと考えられる（図3.7）。ここで，B分子はすべて静止しており，A分子は平均速度 $\overline{v_A}$ で静止したB分子が占める空間を通り抜けると考える（図3.8）。なお，この平均速度は式(3.18)で定義される速度である。A分子は単位時間に $\overline{v_A}$ 進むので，図3.8に示した円筒の容積 $\pi d_{AB}^2 \overline{v_A}$ の内部にあるB分子は，このA分子と衝突するとみなすことができる。なお，πd_{AB}^2 のことを**有効衝突断面積**（σ_{AB}）と呼ぶ。単位容積当りのB分子の数（数密度）を $\dfrac{N_B}{V}$ とすると，円筒の容積中には単位時間にそのA分子と衝突するB分子の中心が z_{AB} 個存在することになる。

$$z_{AB} = \frac{\pi d_{AB}^2 \overline{v_A} N_B}{V} \tag{3.28}$$

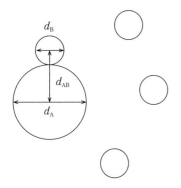

図3.7 A分子とB分子の直径と接触する半径

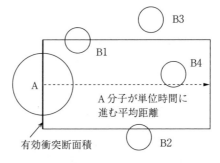

図3.8 平均速度 $\overline{v}$ のA分子が静止したB分子が存在する空間を通り抜ける模式図（B1とB4分子は衝突する）

この値は1個のA分子の単位時間当りの衝突数であり，A分子の**衝突頻度**〔s^{-1}〕と呼ばれる．同様に，A分子の単位容積当りの数を$\dfrac{N_A}{V}$とすると，A分子とB分子の全衝突数，すなわち異種分子間の衝突数Z_AB〔$\mathrm{m}^{-3}\cdot\mathrm{s}^{-1}$〕は次式で与えられる．

$$Z_\mathrm{AB} = \frac{\pi d_\mathrm{AB}{}^2 \,\overline{v_\mathrm{A}}\, N_\mathrm{A} N_\mathrm{B}}{V^2} \tag{3.29}$$

ここまでの説明で不十分なところは「A分子が円筒中を通り抜けるとき，B分子が静止している」という仮定である．実際の衝突を考慮する場合は，B分子に対するA分子の相対速度$\overline{v_\mathrm{AB}}$が必要になる．そこで，最終的な異種分子間の衝突頻度z_AB〔s^{-1}〕および衝突数Z_AB〔$\mathrm{m}^{-3}\cdot\mathrm{s}^{-1}$〕はつぎのように表すことができる．

$$z_\mathrm{AB} = \frac{\pi d_\mathrm{AB}{}^2 \,\overline{v_\mathrm{AB}}\, N_\mathrm{B}}{V} \tag{3.30}$$

$$Z_\mathrm{AB} = \frac{\pi d_\mathrm{AB}{}^2 \,\overline{v_\mathrm{AB}}\, N_\mathrm{A} N_\mathrm{B}}{V^2} \tag{3.31}$$

なお，相対速度$\overline{v_\mathrm{AB}}$は，式(3.18)と換算質量μを用いて以下の式から求めることができる．

$$\overline{v_\mathrm{AB}} = \sqrt{\frac{8kT}{\pi \mu}} \tag{3.32}$$

$$\mu = \frac{m_\mathrm{A} m_\mathrm{B}}{m_\mathrm{A} + m_\mathrm{B}} \tag{3.33}$$

化学反応が起こる第一の必要条件は分子どうしの衝突であるため，反応速度理論と組み合わせることにより，化学反応に関する重要な知見が得られる（本項末演習3参照）．

〔2〕**同種分子間の衝突** 〔1〕を参考にして，1種類のA分子のみ存在する場合の衝突頻度と衝突数を考える．衝突頻度z_AA〔s^{-1}〕についてはB分子がA分子に置き換わるだけであるが，相対速度$\overline{v_\mathrm{AA}}$が

$$\overline{v_\mathrm{AA}} = \sqrt{\frac{8kT}{\pi \mu}} = \sqrt{\frac{2 \times 8kT}{\pi m_\mathrm{A}}} = \sqrt{2}\,\overline{v_\mathrm{A}} \tag{3.34}$$

と表せることを考慮して，一般的に以下のように示される．

$$z_{AA} = \frac{\sqrt{2}\,\pi d_A^2 \overline{v_A} N_A}{V} \tag{3.35}$$

衝突数 Z_{AA} [$m^{-3}\cdot s^{-1}$] については，同種の分子なので各衝突を2回重複して数えないように，半分にする必要がある．したがって

$$Z_{AA} = \frac{\pi d_A^2 \overline{v_A} N_A^2}{\sqrt{2}\,V^2} \tag{3.36}$$

〔3〕**平均自由行程** 気体分子運動論において，もう一つ重要な量は「一つの衝突からつぎの衝突までの分子の飛行の平均距離」，すなわち**平均自由行程** λ [m] である．

同種分子間の衝突を考えたとき，単位時間に1個の分子が衝突する回数は，衝突頻度 z_{AA} である．また，この分子の単位時間の飛行距離は $\overline{v_A}$ なので，これを衝突頻度で割れば，平均自由行程が得られる．

$$\lambda = \frac{\overline{v_A}}{z_{AA}} = \frac{V}{\sqrt{2}\,\pi N_A d_A^2} \tag{3.37}$$

【演習1】 単位時間・単位体積当りの異種分子（A，B）の間の衝突数（Z_{AB}）の式

$$Z_{AB} = \frac{\pi d_{AB}^2 \overline{v_{AB}} N_A N_B}{V^2}$$

を導きなさい．ただし，d_{AB}, $\overline{v_{AB}}$, N_A, N_B, V は，それぞれ分子AとBの直径の平均値，平均相対速度，分子Aの数，分子Bの数，体積とする．

【演習2】 以下の問に答えなさい．

(1) O_2 の 30.0℃，101 325 Pa（1 atm）における衝突頻度を計算しなさい．ただし，O_2 の実効的な直径を 3.7 Å，30.0℃における平均の速さを 448 m/s とする．また，O_2 は理想気体として振る舞うものとする．

(2) 30.0℃，1.00 m^3 の空気中における N_2 と O_2 間の1秒当りの衝突数を計算しなさい．ただし，話を単純化するため N_2 と O_2 は理想気体として振る舞うものとし，実効的な直径は共に 3.7 Å と仮定する．また，N_2 と O_2 の分圧はそれぞれ 8.0×10^4 N/m^2，2.1×10^4 N/m^2 とする．

【演習3】 以下の問に答えなさい．
(1) 単位体積で単位時間当りに起こる同種の気体分子の衝突数 Z は，次式で表されることを説明しなさい．

$$Z = 2N^2 d^2 \sqrt{\frac{\pi RT}{M}}$$

ただし，N，d，M は，それぞれ単位体積当りの分子数，分子の直径，モル質量とする．

(2) ある気体（分子量 98.0）が，温度 673 K で圧力が 1.01×10^5 N/m^2 であるとき，体積 1 m^3 中で毎秒衝突する分子の数（衝突数の 2 倍の数）を求めなさい．ただし，この分子は直径が 3.0 Å であり，理想気体として振る舞うものとする．

(3) 温度 673 K の気相におけるこの分子（化学式：AB）の分解反応（2AB = $A_2 + B_2$）の速度定数は 1.02×10^{-5} mol^{-1}·m^3·s^{-1} である．ABの分圧が 1.01×10^5 N/m^2 であるとき，体積 1 m^3 中で毎秒反応する分子の数を答えなさい．さらに，衝突する AB 分子のうちで反応するものの割合を求めなさい．

【演習4】 以下の問に答えなさい．
(1) 理想気体における平均自由行程 λ を求めなさい．ただし，分子の直径 d を 3.2×10^{-8} cm とする．
(2) 理想気体の平均自由行程を絶対温度と有効衝突断面積 σ の関数として表しなさい．

3.2 分子の分布とその応用

3.2.1 分子の分布とは

3.1 節では気体分子運動論を古典力学の観点から考えてきたが，このとき，多数の分子の運動（速度）を平均値で表現することによって，ミクロな挙動とマクロな物性の関係を議論してきた．本節では，分子の分布状態を統計で扱う方法を説明し，より複雑な事象を扱っていく．

〔1〕 **分配の方法と数** まず最初に，N 個の球を N_0 個と N_1 個に分配する方法の数 $W(N_0, N_1)$ を考える．なお，これらの球は区別できるものとする．このとき

$$W(N_0, N_1) = \frac{N!}{N_0! N_1!} \tag{3.38}$$

の関係があることが知られている。これが球ではなく分子であっても同様である。つまり，N個の分子のうちN_0個がエネルギーε_0を，N_1個がエネルギーε_1をとるとき，その分配方法の数は，式(3.38)で計算できる。

つぎに，このN_0個の分子が，異なるg_0個の状態（いずれもエネルギーはε_0）を選ぶことができるとする。このとき，N_0個の分子を分配する方法を考えると，各分子についてg_0通りの分配方法があるので，全体として$g_0^{N_0}$通りとなる。もし，N_1個の分子についてもg_1個の状態をとり得るならば，分配の方法は同様に$g_1^{N_1}$通りになる。

最後に，N個の分子のうち，N_0個がエネルギーε_0を，N_1個がエネルギーε_1をとり，エネルギーε_0の各分子はg_0個の状態を，エネルギーε_1の各分子はg_1個の状態を選べる場合を考える。このときの分配方法の数を考えると

$$W(N_0, N_1) = \frac{N!}{N_0! N_1!} g_0^{N_0} g_1^{N_1} \tag{3.38}'$$

となる。これを一般化すると以下のようになる。

総数N個の分子のうちN_j個がエネルギーε_j（$j=0,1,2,\cdots,n$）をとり，エネルギーε_jの各分子はg_j個の状態（$j=0,1,2,\cdots,n$）を選べる場合，分子を分配する方法の数は

$$W(N_0, N_1, \cdots, N_n) = \frac{N!}{N_0! N_1! \cdots N_n!} g_0^{N_0} g_1^{N_1} \cdots g_n^{N_n} \tag{3.39}$$

となる。これは，**図3.9**に示すように，総数N個の分子を各エネルギーと状態に分配することを意味する。

〔2〕 **分子の分配方法の数≡微視的な状態の数**　　ある系（分子集団）において，分子が準位（$0,1,2,\cdots$）のとびとびのエネルギー（$\varepsilon_0, \varepsilon_1, \varepsilon_2, \cdots$）をとり，準位0を基底状態とする。また，分子間相互作用は無視できるほど弱いものとし，分子はエネルギー的に独立している

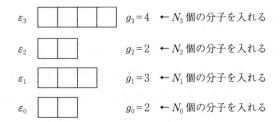

図3.9 総数 N 個の分子のエネルギーと状態への分配

ものとする。ここで，系の分子数 N，体積 V，全エネルギー E が一定とする場合

(a) 質量不変の法則：$N = N_0 + N_1 + \cdots + N_n = \sum N_j$

(b) エネルギー不変の法則：$E = \varepsilon_0 N_0 + \varepsilon_1 N_1 + \cdots + \varepsilon_n N_n = \sum \varepsilon_j N_j$

が成り立つ。

このような条件を満たす微視的（ミクロ）な状態が，実際に観測される系の物性と関係していることは間違いない。したがって，「(a) と (b) の法則を満たす解（の組）をどのように求めるか？また，解はどのぐらいあるのか？」という問題を解くことが重要である。言い換えると，「系の全エネルギー E と全分子数 N が与えられて，準位のエネルギー値 $(\varepsilon_0, \varepsilon_1, \cdots, \varepsilon_n)$ がわかっている場合，各エネルギー準位 $(0, 1, 2, \cdots, n)$ を占める分子数の組 $\{N_0, N_1, \cdots, N_n\}$，すなわち "微視的な状態" をどのように求めるのか？また，その数はいくつあるのか？」を知る必要がある。

ここで「(1) 分配の方法と数」を思い出してみよう。「エネルギー準位を占める分子の組の数を求めることは，エネルギー準位に分子を分配する方法の数を求めること」と同義である。つまり，分子の分配方法の数は，微視的な（ミクロな）状態の数と等しくなる。したがって，各分子が区別できるとすると，ある系の微視的な状態の数は式 (3.39) で求めることができる。

3.2 分子の分布とその応用

【演習1】 以下の問に答えなさい。
(1) 4個の球①, ②, ③および④（$N=4$）を N_1 個と N_2 個の2組に分ける方法の数を求めなさい。
(2) 3個の球①, ②および③を二つの箱（$g_1=2$）に分配する方法の数と，1個の球④を四つの箱（$g_2=4$）に分配する方法の数を求めよ。
(3) 4個の球①, ②, ③および④を3個（$N_1=3$）と1個（$N_2=1$）の2組に分け，初めの組は二つの箱（$g_1=2$）の棚に，残りの組は四つの箱（$g_2=4$）からなる第2の棚に分配する方法は何通りか。
(4) 6個の球（①, ②, ③, ④, ⑤, ⑥）を4個（$N_1=4$）と2個（$N_2=2$）の2組に分け，初めの組は三つの箱（$g_1=3$）の棚に，残りの組は四つの箱（$g_2=4$）からなる第2の棚に分配する方法は何通りか。

【演習2】 以下の問に答えなさい。
(1) 2個の2原子分子が全エネルギー $E=4h\nu$ をもって振動している系がある。このとき表3.1で示された分布のみが可能である。この場合の微視的状態の総数を求めなさい。

表3.1 可能な分布

エネルギー	分子数		
$4h\nu$	1	0	0
$3h\nu$	0	1	0
$2h\nu$	0	0	2
$1h\nu$	0	1	0
$0h\nu$	1	0	0
分布 No.	1	2	3

(2) 1000個の2原子分子が全エネルギー $E=4h\nu$ をもって振動している系がある。このとき微視的状態の総数を求めなさい。ただし，$1h\nu$ から $4h\nu$ の分布は表3.1と同じものとする。

3.2.2 スターリングの公式

先に述べたように，式(3.39)を用いることにより微視的状態の数がわかる。しかし，一般的には N はきわめて大きい数であり，この式を厳密に計算することは非常に困難である。そこで，つぎのような近似を用いる。

$$\ln N! \fallingdotseq N \ln N - N \quad \text{あるいは} \quad N! \fallingdotseq N^N \exp(-N) \tag{3.40}$$

この近似は，Nが1に比べて非常に大きな数のとき成り立ち（演習に示すように，$N=100$を超えると誤差が1%未満になる），**スターリングの公式**と呼ばれる。一般的に，化学では1 mol（6.02×10^{23}個）程度の分子を扱うため，スターリングの公式は十分な精度があるといえる。

【演習1】 以下の問に答えなさい。
(1) スターリングの公式を証明しなさい。
$$\ln N! \fallingdotseq N \ln N - N$$
(2) $N=10, 30, 50, 100$ の場合について，$\ln N!$ とスターリングの近似（$N\ln N - N$）を比べ，その誤差を求めなさい。

3.2.3 最大確率の分布

気体が入っている容器を容積が半分ずつの二つの部屋に分け，分子はこれらの二つの部屋の間を自由に出入りできるものとする。分子の総数を N とし，一方の部屋に N_1 個，他方の部屋に N_2 個（$N_1 + N_2 = N$）を分配する方法の数を $W = W(N_1, N_2)$ とすれば，3.2.1項で説明したように

$$W(N_1, N_2) = \frac{N!}{N_1! N_2!} \tag{3.41}$$

が成り立つ。N_1 と N_2 がきわめて大きい数である場合（一般的に，化学ではこのような状況を扱う），スターリングの公式（式(3.40)）を用いることができるので

$$W(N_1, N_2) = \frac{N^N \exp(-N)}{N_1^{N_1} \exp(-N_1) N_2^{N_2} \exp(-N_2)} = \left(\frac{N}{N_1}\right)^{N_1} \left(\frac{N}{N_2}\right)^{N_2} \tag{3.42}$$

となる。この式で，$\dfrac{N_1}{N}$ は一つの分子が一方の部屋に見出される確率を表し，$\dfrac{N_2}{N}$ は他方の部屋に見出される確率を表している。そこで，一つの分子がおのおのの部屋にある確率を f_1 および f_2 とすると，式(3.42)は

$$W(N_1, N_2) = f_1^{-N_1} f_2^{-N_2} \tag{3.43}$$

となり，両辺の自然対数をとって整理すると次式のようになる．

$$\ln W = -N(f_1 \ln f_1 + f_2 \ln f_2) \tag{3.44}$$

ここで，実際に最も起こり得る状態を考える．その状態は，確率が最大となる分布であり，「最大確率の分布＝Wを最大にする分布」であるといえる．そこで，Wが最大となるときに $\ln W$ も最大（極大）となることを考慮すると，最も起こり得る状態では

$$\delta \ln W = -N(\ln f_1 \delta f_1 + \delta f_1 + \ln f_2 \delta f_2 + \delta f_2) = 0 \tag{3.45}$$

が成り立つことがわかる．ここで f_1 と f_2 の和はつねに一定値（1）であるため，その変化量の和は0になる（$\delta f_1 + \delta f_2 = 0$）．したがって，式 (3.45) から

$$\ln f_1 = \ln f_2 \tag{3.46}$$

が得られる．このことから，最大確率の分布においては「$N_1 = N_2$」であることがわかり，このような結論は「気体分子が偏らないで均一に分布する状態が最も起こり得る」ということを意味している．

ここで上記の例について，最大確率の分布における分配方法の数 W_{mp} を実際に計算すると，式 (3.44) より

$$\ln W_{mp} = -N\left(\frac{1}{2}\ln\frac{1}{2} + \frac{1}{2}\ln\frac{1}{2}\right) = N \ln 2 \tag{3.47}$$

となる．また，すべての状態の数 W は簡単に求めることができ

$$W = 2^N \quad \text{すなわち} \quad \ln W = N \ln 2 \tag{3.48}$$

となるので，W_{mp} は W に等しいことがわかる．したがって，スターリングの公式が使えるほど総分子数 N が大きければ，最大確率分布が出現する確率が圧倒的であり，それ以外が出現する確率は無視できる．

【演習1】 ラグランジュの未定乗数法を使って，$x^2 + y^2 - a^2 = 0$ の束縛条件がある場合の関数 $4xy$ の極大値と極小値を求めなさい．

3.2.4 分子の速度分布：マクスウェルの速度分布則

式(3.15)に示したマクスウェルの速度分布則にはいくつかの導出方法があるが，ここではその一例を紹介する。気体分子の速度の分布を求めるため，1個の分子のとり得る速度成分 v_x，v_y および v_z を座標とする空間（速度空間）を考える。なお，速度空間を2次元で示したものが図3.10であるが，もちろん実際には3次元である。この空間の中に分子を分配したとき，最も組合せの多い分布（最大確率の分布）が，最も起こり得る状態であり，平衡状態における速度分布を表している（3.2.3項 参照）。

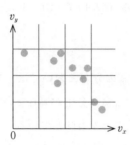

図3.10 速度空間（平面）と分子の分布

N 個の分子を，速度空間における区画1に N_1 個，区画2に N_2 個，…と分配する組合せの数は

$$W = \frac{N!}{N_1! N_2! \cdots} \tag{3.49}$$

と表せるので，この W が最も大きい場合を調べれば，平衡状態の速度分布がわかる。ここでは，数学的な取扱いが簡単になるように，以下の $\ln W$ が最大になる条件を考える。

$$\ln W = \ln N! - \sum_i \ln N_i! \tag{3.50}$$

N はきわめて大きい数と考えられるので，スターリングの公式を用いると

$$\ln W = N \ln N - N - \sum_i \left(N_i \ln N_i - N_i \right) \tag{3.51}$$

3.2 分子の分布とその応用

となる。この値が最大になるときを求めればよいが，全分子数 N と全エネルギー E は一定であるという束縛条件がある。すなわち

$$N = \sum_i N_i = \text{const.} \tag{3.52}$$

$$E = \sum_i N_i \varepsilon_i = \text{const.} \tag{3.53}$$

である（ε_i は区画 i に分配される分子のエネルギー）。また，$\ln W$ が最大となることおよび N と E が一定であることを考慮して，これらの値の変化量に注目すると

$$\delta \ln W = -\sum_i \ln N_i \delta N_i \tag{3.54}$$

$$\delta N = \sum_i \delta N_i = 0 \tag{3.55}$$

$$\delta E = \sum_i \varepsilon_i \delta N_i = 0 \tag{3.56}$$

の関係がある。これらの関係を考慮して，ラグランジュの未定乗数法により，$\ln W$ が最大となる条件を求めると，

$$-\ln N_i + \alpha - \beta \varepsilon_i = 0 \tag{3.57}$$

となる。ここで，α と $-\beta$ は導入された未定乗数である。式 (3.57) を N_i について解くと，次式が得られる。

$$N_i = \exp \alpha \exp(-\beta \varepsilon_i) \tag{3.58}$$

さらに，エネルギー ε_i が分子（質量 m）の運動エネルギーであることを考慮し，分子数 N_i の代わりに分布関数 f を用いると以下のようになる（本項末の演習1および2参照）。

$$f(v_x, v_y, v_z) dv_x dv_y dv_z = A \exp\left\{-\beta \frac{1}{2} m \left(v_x^2 + v_y^2 + v_z^2\right)\right\} dv_x dv_y dv_z \tag{3.59}$$

ここで A は定数である。

　この式の意味を考えてみよう。速度がきわめて大きいときは指数が負に大きくなり，分布関数の値が小さくなる。つまり，きわめて大きな速度となる確率は低い。しかし，温度が高くなると，速度が大きい分子も

存在しやすくなると考えられる。このことは指数の絶対値が小さくなることを意味している。したがって，β は温度の逆数に関係していることが予想される。実際，β は次式で表せることが知られている。

$$\beta = \frac{1}{kT} \tag{3.60}$$

ここで，k はボルツマン定数，T は絶対温度である。このことを考慮すると，式(3.59)は以下のように表すことができる。

$$f(v_x, v_y, v_z)dv_x dv_y dv_z = A\exp\left\{-\frac{m}{2kT}\left(v_x^2 + v_y^2 + v_z^2\right)\right\}dv_x dv_y dv_z \tag{3.61}$$

また，分布関数 f は確率に対応しているため，全速度空間について積分すると1になる。

$$\iiint_{-\infty}^{+\infty} A\exp\left\{-\frac{m}{2kT}\left(v_x^2 + v_y^2 + v_z^2\right)\right\}dv_x dv_y dv_z = 1 \tag{3.62}$$

したがって，この積分を実際に計算することによって定数 A を求めることができる。まず，各方向の速度分布に相違はないので，式(3.62)を以下のように簡略化する。

$$A\left\{\int_{-\infty}^{+\infty}\exp\left(-\frac{m}{2kT}v_x^2\right)dv_x\right\}^3 = 1 \tag{3.63}$$

この式はガウス関数（$n=0$）の形になっているので，公式に従って積分が可能である。

$$A\left(\frac{2\pi kT}{m}\right)^{3/2} = 1 \tag{3.64}$$

よって，定数 A はつぎのように表すことができる。

$$A = \left(\frac{m}{2\pi kT}\right)^{3/2} \tag{3.65}$$

また，速度空間において速度は原点からの距離になるので，極座標で考えるのが便利である。v と $v+dv$ の間にある速度空間の体積は，半径 v の球の表面積と微小な速度の変化量 dv の積になるので，$4\pi v^2 dv$ とな

る．したがって，この体積に含まれる速度 v をもつ確率を考えると，分布関数はつぎのように表される．

$$f(v)dv = \left(\frac{m}{2\pi kT}\right)^{3/2} \exp\left(-\frac{mv^2}{2kT}\right) 4\pi v^2 dv \tag{3.66}$$

$$= 4\pi \left(\frac{M}{2\pi RT}\right)^{3/2} v^2 \exp\left(-\frac{Mv^2}{2RT}\right) dv \tag{3.67}$$

このようにして得られた式 (3.67) は式 (3.15) と一致しており，マクスウェルの速度分布則と呼ばれる．

【演習 1】 以下の問に答えなさい．
(1) N 個の分子を箱 1 に N_1 個，箱 2 に N_2 個，…と配分する組合せの数を W とするとき，$\ln W$ と N，N_i $(i=1,2,\cdots)$ の関係を示しなさい．ただし，スターリングの公式を用いて近似すること．
(2) 分子数 N_i とエネルギー ε_i が満たさなければならない二つの束縛条件を説明しなさい．
(3) 分子の速さの分布 $f(v)$ は，以下の式（マクスウェルの速度分布則）で表せることを証明しなさい．

$$f(v) = 4\pi \left(\frac{M}{2\pi RT}\right)^{3/2} v^2 \exp\left(-\frac{Mv^2}{2RT}\right)$$

なお，M，R は，それぞれモル質量，気体定数である．また，以下の関係（ガウス関数の積分）を用いること．

$$I_0 = \int_0^\infty e^{-ax^2} dx = \frac{1}{2}\left(\frac{\pi}{a}\right)^{1/2}$$

【演習 2】 以下の問に答えなさい．
(1) 25.0℃において酸素分子（O_2）の x 成分の速度が 100，200 および 300 m/s のそれぞれの場合について，確率密度を計算しなさい．なお，1 次元の速度分布関数は確率密度関数と呼ばれ

$$f(v_x) = \left(\frac{M}{2\pi RT}\right)^{1/2} \exp\left(-\frac{Mv_x^2}{2RT}\right)$$

で表される．
(2) 25.0℃において x 成分の速度が 200.0〜200.2 m/s の範囲にある O_2 分子の割合はいくらか求めなさい．なお，$v_x \sim (v_x + dv_x)$ の間にある分

子の割合は $f(v_x)dv_x$ である。

(3) (1)の式を3次元に拡張して，$v \sim (v+dv)$ の速さをもつ分子の割合を表す式 $f(x)dv$ を求めなさい。

(4) 25.0℃において 200.0〜200.2 m/s の範囲の速さをもつ O_2 分子の割合を求めなさい。

3.3 統計熱力学

3.3.1 統計集団

古典熱力学では，気体をある一定のモル数 n [mol]，体積 V [m^3]，温度 T [K] をもつ系と考えることにより，さまざまな性質を議論する。例えば，理想気体では圧力 P は

$$P = \frac{nRT}{V} \tag{3.68}$$

により求めることができ，その内部エネルギー U は

$$U = \frac{3}{2}nRT \tag{3.69}$$

で表される。このことは，巨視的に見ると系は一定の圧力やエネルギーを示すことを意味している。

しかし，3.1節の気体分子運動論で見てきたように，微視的に見ると分子の並進運動，分子どうしの衝突などの繰返しにより，個々の分子はさまざまなエネルギー値をとり，系も時間とともにさまざまな微視的状態をとる。統計熱力学とは，系を構成する分子集団の微視的状態の配置の数により，その平均的挙動を統計的に求め，系の巨視的な性質を解明する学問である。そのため，統計熱力学ではモル数 n [mol]，体積 V [m^3]，温度 T [K] をもつ系を，$N(=n \times N_A)$ 個の分子から構成される体積 V [m^3]，温度 T [K] の分子集団と考える。これを**統計集団**という。

3.3 統計熱力学

〔1〕**時間平均**　系の微視的状態を明らかにする方法の一つは，系の微視的（ミクロ）な状態の時間変化を調べることである。微視的な立場で系のエネルギーや圧力を観測すると，分子は運動しているので，微視的状態は時間とともに変動する。このことは，平衡状態においてもエネルギーや圧力が巨視的（マクロ）に示される一定値（平均値）の周辺で微妙に変動し，ゆらいでいることを意味している。以下において，もう少し詳細に説明する。

任意の微視的状態 i における系のエネルギー観測値を E_i，そのエネルギーとなる滞在時間を Δt_i，全観測時間を τ とする。分子数 N，体積 V および温度 T が決まっている系の微視的状態の時間平均は，**図3.11** の概念図で表すことができる。この図では横軸が時間であり，$t \sim t+\Delta t_i$ ではエネルギー E_i をもつ微視的状態であることを示している。また，時間がたつにつれて微視的状態は変化していくことを表している。この図に示すようにエネルギーが一定値（平均値）をめぐって変動することは，裏返して考えると，巨視的（マクロ）に観測されるエネルギーは，分子集団の微視的（ミクロ）なエネルギー観測値 E_i の平均値として与えられることを意味している。図3.11のように時間によって変動する集団のエネルギーの平均値を**時間平均値**（$\langle E \rangle_t$）といい，巨視的に観測され

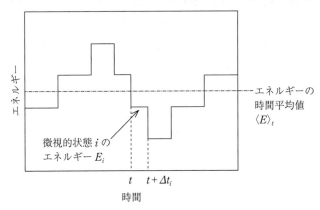

図3.11　エネルギーの時間変化

るエネルギー E_M に等しい。

$$E_M = \langle E \rangle_t = \frac{E_1 \Delta t_1 + E_2 \Delta t_2 + \cdots}{\tau} = \sum_i \frac{E_i \Delta t_i}{\tau} \qquad (3.70)$$

このとき，理論的には全観測時間を無限大（$\tau \to \infty$）にする必要がある。また，微視的状態 i が出現する確率 P_i は

$$P_i = \frac{\Delta t_i}{\tau} \qquad (3.71)$$

で表されるので

$$E_M = \langle E \rangle_t = \sum_i E_i P_i \qquad (3.72)$$

と書くこともできる。エネルギーにかぎらず，このようにして求める系の物性の時間平均は，実際に観測される系の巨視的な物性に等しい。

〔2〕**集団（集合）平均**　先の例では，ただ一つの系の微視的状態を時間の関数として考えた。このとき，観測時間は理論的に無限大である必要があるので，系の性質の時間変化を記録することは，しばしば現実的ではない。そこで，着目する系と同じ熱力学的な制約はあるが，微視的状態だけが異なる複製物（要素）を作成し，「非常に多くの要素で形成される集団（集合）」という概念を導入する。これを概念的に示したものが**図 3.12** である。ここで，N, V および T が決まっている系について $\mathbb{N}$ 個の複製物からなる集団を考える。集団全体は一つの大きな孤立系となるようにつくられており，集団の中でエネルギー E_i をとる要素の数を $\mathbb{N}_i$ とする。このとき，系のエネルギーの**集団平均値** $\langle E \rangle_N$ は

$$\langle E \rangle_N = \sum_i \frac{E_i \mathbb{N}_i}{\mathbb{N}} \qquad (3.73)$$

で表される。なお，i についての和はすべての微視的状態について行う。また，微視的状態 i が出現する確率 P_i は

$$P_i = \frac{\mathbb{N}_i}{\mathbb{N}} \qquad (3.74)$$

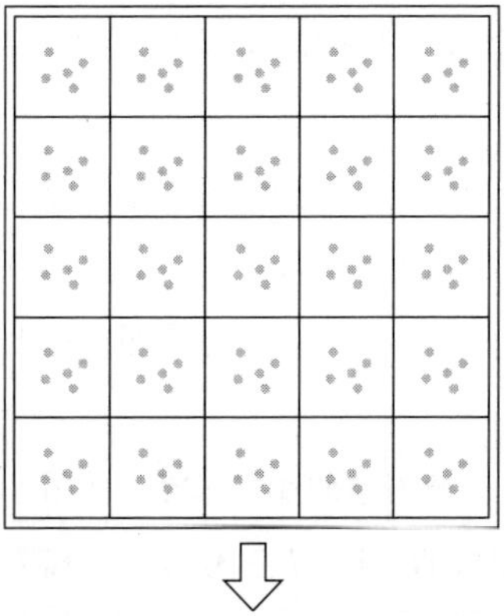

3.3 統計熱力学

集団(二重線)**と要素**(一重線)

各要素のエネルギー E_i をすべて考慮して，エネルギーの**集団平均値** $\langle E \rangle_N$ を求める

図3.12 集団平均の考え方

で表されるので

$$\langle E \rangle_N = \sum_i E_i P_i \tag{3.75}$$

と書くこともできる．

それでは，集団平均は時間平均とつねに一致するだろうか．もしすべての微視的状態の集団平均をとっていれば，直観的には一致するように思われる．しかし，このことは一般的には証明できないので，**エルゴードの仮説**〈第1の統計的要請〉と呼ばれる．

$$\langle E \rangle_N = \langle E \rangle_t \tag{3.76}$$

したがって，系の巨視的なエネルギーは集団平均値として求めることが可能である．

$$E_M = \langle E \rangle_N = \sum_i E_i P_i \tag{3.77}$$

また，集団平均を考えるとき，「すべての微視的状態は，同じ確率で出現する」と仮定している．このことを**等確率の仮定**〈第2の統計的要請〉という．

〔3〕 **集団の種類** 上記の考え方に基づくと，ある系の物性について，集団の平均値を求めることにより巨視的な物性を明らかにすること

ができる．これまで議論においても集団が登場しているが，集団にはいくつかの種類があり，それぞれ異なる特徴を有する．代表的な集団（アンサンブル）を改めて整理する．

(a) **ミクロカノニカルアンサンブル** 熱力学的な意味での「孤立系」の集団（集合）であり，一定の N, V, E をもつ系の複製物（要素）からつくられる集団（集合）である．**小正準集団**と呼ばれる．

(b) **カノニカルアンサンブル** 熱力学的な意味での「閉じた系」の集団（集合）であり，一定の N, V, T をもつ系の複製物（要素）からつくられる集団（集合）である．**正準集団**と呼ばれる．

(c) **グランドカノニカルアンサンブル** 熱力学的な意味での「開いた系」の集団（集合）であり，一定の化学ポテンシャル μ, V, T をもつ系の複製物（要素）からつくられる集団（集合）である．**大正準集団**と呼ばれる．

これらを模式的に表したものが**図3.13**である．他にも体積 V の代わりに圧力 P を用いる集団が存在する．

　三つの集団の説明をしたが，工学的諸問題への適用を考えると，集団を分子数 N，体積 V，温度 T で規定し，エネルギーのやり取りを許すカノニカルアンサンブルが有用である．ここで，カノニカルアンサンブルに属する $\mathbb{N}$ 個の要素の集団を考える．図3.13に示したように，各要素の間は，分子は通れないが，エネルギーは通れる壁（透熱性壁）で隔たれており，要素全体は断熱壁で囲まれている．それぞれの要素は相互に熱接触しているので，1個の任意の要素に着目すると，残りの（$\mathbb{N}-1$）個の要素が熱源の役割をしている．このカノニカルアンサンブル全体としては，分子数 $\mathbb{N}N$，体積 $\mathbb{N}V$，全エネルギーが一定の大きな孤立系である．エルゴードの仮説より，カノニカルアンサンブルについて要素のエネルギーを集団平均すれば，系の内部エネルギーが得られる．しかし，そのためにはカノニカルアンサンブルにおける要素のエネルギー

3.3 統計熱力学

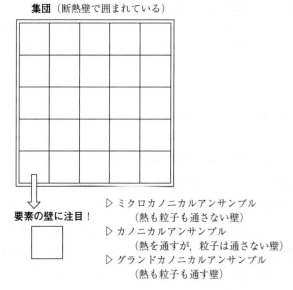

図 3.13 代表的な 3 種類の集団

分布が明確でなければならない。このカノニカルアンサンブルの全体は大きな孤立系であるので，等確率の仮定を適用して，要素のエネルギー分布を求める必要がある。その方法を，いくつかの重要な概念とともに以降で説明する。

【演習 1】 つぎの文章の (a)〜(e) に当てはまる最も適当な語句・数式を答えなさい。

　ある系について任意の微視的状態 i でのエネルギーを E_i とし，その滞在時間を Δt_i，全観測時間を τ とする。この系の巨視的なエネルギー E_M は E_i の [(a)]（$\langle E \rangle_t$）に対応するので $E_M = \langle E \rangle_t = \sum [\ (b)\ ]$ という関係が得られる。

　つぎに，総数 N 個の要素からなる分子集団を考え，集団の中で E_i をとる要素の数を $\mathbb{N}_i$ とする。この場合，系のエネルギーの [(c)]（$\langle E \rangle_N$）は $\langle E \rangle_N = \sum [\ (d)\ ]$ となる。ここで，[(e)] の仮説により，$E_M = \langle E \rangle_t = \langle E \rangle_N$ となる。

【演習 2】 以下の問に答えなさい。

(1) ミクロカノニカルアンサンブル, (2) カノニカルアンサンブル, (3) グランドカノニカルアンサンブル, について知るところ (定義) を述べなさい。

3.3.2 状態の数とエントロピー

アンサンブルにおける要素のエネルギー分布を考える前に, 古典熱力学と統計熱力学の間の最も重要な関係を復習する。これまで, 統計熱力学では微視的な状態の数 W (分配方法の数) が重要な役割を担っていることを説明してきた。それでは, この状態の数 W は古典熱力学においてどのように表現されていただろうか。これまで述べてきた状態の数は, 直感的には"乱雑さ"に近い概念なので, エントロピーと関係しているように思われる (実際, 2.3.8 項では微視的な状態の数とエントロピーの関係を詳細に述べている)。以下において, その関係を別の視点から考えてみる。

まず, 外部と分子やエネルギーのやり取りを行わず, 全エネルギーが一定の孤立系を考え, その状態の数を W とする。この W はそのままエントロピー S を代替できない (つまり, $S=W$ にはならない)。なぜなら, 孤立系 A と B を足して新しい系をつくったとき, その全体のエントロピーは

$$S = S_A + S_B \tag{3.78}$$

で表すことができるが, その全体の状態の数は

$$W = W_A \times W_B \tag{3.79}$$

となるからである。そこで, これまでしばしば扱ってきた $\ln W$ を考える。このとき

$$\ln W = \ln(W_A \times W_B) = \ln W_A + \ln W_B \tag{3.80}$$

の関係があることに注目してほしい。つまり, $\ln W$ は S のように扱える。実際には比例定数としてボルツマン定数 k が必要で, エントロピー

Sと微視的な状態の数Wには以下の関係がある.

$$S = k \ln W \tag{3.81}$$

この式は式(2.145)そのものであり,エントロピー(乱雑さ)の数値の意味が,統計熱力学によって明確になることがわかる.

3.3.3 ボルツマン分布

つぎにカノニカルアンサンブルにおける要素のエネルギー分布を考えていく.注目している要素は,他の要素とエネルギーのやり取りができるので,他の要素を熱浴とみなすことができる.ここで,注目している要素のエネルギーをE_iとし,その状態をとる確率をP_iとする.また,全要素のエネルギーの合計(本項ではEと表記する)は一定であるので,この状態のときの熱浴のエネルギーは$E-E_i$で表すことができる.ここで状態iとjを考えると,おのおのの確率は状態の数に比例するので

$$\frac{P_j}{P_i} = \frac{W_j}{W_i} \tag{3.82}$$

の関係がある.また,状態の数はエントロピーを用いて表すことができるので

$$\frac{P_j}{P_i} = \frac{\exp(S_j/k)}{\exp(S_i/k)} = \exp\left(\frac{S_j - S_i}{k}\right) \tag{3.83}$$

となる.ここで,S_jとS_iは熱浴に起因するエントロピーS_bなので

$$S_j - S_i = S_b(E - E_j) - S_b(E - E_i) \tag{3.84}$$

であり,熱浴が十分に大きく,EがE_iやE_jに比べて十分に大きいことを考慮すると

$$S_j - S_i = \left\{S_b(E) - \frac{dS_b}{dE}E_j\right\} - \left\{S_b(E) - \frac{dS_b}{dE}E_i\right\} = -\frac{dS_b}{dE}(E_j - E_i) \tag{3.85}$$

となる.したがって

$$S_j - S_i = -\frac{E_j - E_i}{T} \tag{3.86}$$

と表せることがわかるので（3.3.6項に詳述），この関係を式(3.83)に代入すると次式になる．

$$\frac{P_j}{P_i} = \exp\left(-\frac{E_j - E_i}{kT}\right) \tag{3.87}$$

例えば，状態 i として基底状態（$i=0$, $E_0=0$）を選ぶと

$$P_j = P_0 \exp\left(\frac{E_0}{kT}\right)\exp\left(-\frac{E_j}{kT}\right) = P_0 \exp\left(-\frac{E_j}{kT}\right) \tag{3.88}$$

となる．したがって，温度 T の熱浴に接した要素では，エネルギー E_j をとる確率 P_j は $\exp\left(-\frac{E_j}{kT}\right)$ に比例することがわかる．

また，すべての状態に関する P_j の和が1になることを考慮すると

$$1 = P_0 + P_1 + P_2 + \cdots = P_0 \sum_j \exp\left(-\frac{E_j}{kT}\right) \tag{3.89}$$

となるので，式(3.88)に代入すると以下の関係が得られる．

$$P_j = \frac{\exp\left(-\frac{E_j}{kT}\right)}{\sum_j \exp\left(-\frac{E_j}{kT}\right)} \tag{3.90}$$

さらに，全要素の数 N を両辺に掛けると，左辺はエネルギー E_j をとる要素の数 N_j となり

$$\mathrm{N}_j = \mathrm{N} \frac{\exp\left(-\frac{E_j}{kT}\right)}{\sum_j \exp\left(-\frac{E_j}{kT}\right)} \tag{3.91}$$

という関係が得られる．この式はカノニカルアンサンブルにおける要素のエネルギー分布を示しており，この式で与えられる分布を**ボルツマン分布**という．

また，ボルツマン分布はマクスウェルの速度分布則を求めたときと同様の方法でも導くことができる．エネルギー準位 $E_0, E_1, \cdots, E_j, \cdots$ を占める要素の数を $\mathrm{N}_0, \mathrm{N}_1, \cdots, \mathrm{N}_j, \cdots$ と割り当てる．ここで集団全体は一つ

の大きな孤立系であり，平衡状態にある。いま，集団は総数 $\mathbb{N}$ 個の要素からなるので，分配方法の数 W は次式となる。

$$W = \frac{\mathbb{N}!}{\mathbb{N}_1!\mathbb{N}_2!\cdots} \tag{3.92}$$

このとき，要素の数について以下の条件が成り立つ必要がある。

$$\mathbb{N} = \sum_j \mathbb{N}_j = \text{const.} \tag{3.93}$$

さらに，集団全体の全エネルギーを E とすると次式が成立する。

$$E = \sum_j \mathbb{N}_j E_j = \text{const.} \tag{3.94}$$

3.2.3 項で述べたように，$\mathbb{N}$ がきわめて大きいとき，最大確率の分布以外が出現する確率は無視できるので，要素のエネルギーを求めるためには最大確率の分布のみに注目すればよい。そこで，式 (3.93) と式 (3.94) の束縛条件の下，$\ln W$ が最大（極大）になる解を求めることになるが，これはすでに 3.2.4 項で計算しており，その解は次式で与えられる。

$$\mathbb{N}_j = \exp\alpha\,\exp(-\beta E_j) \tag{3.95}$$

なお，3.2.4 項で説明したように $\beta = \dfrac{1}{kT}$ の関係があり，もう一つの定数 $\exp\alpha$ も基底状態（$j=0$）に着目することで決定できる。ここで，基底状態のエネルギーを 0，その要素の数を $\mathbb{N}_0$ とすると，式 (3.95) より $\mathbb{N}_0 = \exp\alpha$ の関係が得られるので

$$\mathbb{N}_j = \mathbb{N}_0 \exp\left(-\frac{E_j}{kT}\right) \tag{3.96}$$

となる。さらに，式 (3.93) に式 (3.96) を代入すると次式が得られる。

$$\mathbb{N} = \mathbb{N}_0 \sum_j \exp\left(-\frac{E_j}{kT}\right) \tag{3.97}$$

このようにして得られた式 (3.97) を式 (3.96) に代入すると，式 (3.91) になる。

【演習1】 系のエネルギー準位が $E_j = j\varepsilon$ であり，N 個の要素からなるカノニカルアンサンブルを考える。E_j のエネルギーを占める要素の数 N_j を絶対温度とボルツマン定数を用いて示しなさい。

3.3.4 分配関数

統計集団という考え方を導入することによって，各要素のエネルギーがボルツマン分布により与えられ，その集団平均により巨視的エネルギーが与えられる。しかし，統計により熱力学を理解するためには，エネルギーだけでなく，物質の巨視的性質を求める理論を一般的に組み立てる必要がある。

そこで新たな"道具"として，**分配関数**を導入する。分配関数とは，注目する系がとり得るすべての状態のエネルギーを用いて，次式の和を計算したものである。

$$Q = \sum_j \exp\left(-\frac{E_j}{kT}\right) \tag{3.98}$$

3.3.3項で述べたように，系が平衡状態にあるとき，温度 T の熱浴に接した要素がエネルギー E_j をとる確率は $\exp\left(-\dfrac{E_j}{kT}\right)$ に比例しており，その比例定数は

$$\frac{1}{Q} = \frac{1}{\sum_j \exp\left(-\dfrac{E_j}{kT}\right)} \tag{3.99}$$

である。特に，式 (3.90) あるいは式 (3.91) の分母は**カノニカル分配関数** Q あるいは**状態和**と呼ばれ，統計熱力学で最も重要な関数の一つである。

また，分配関数には以下に示す性質がある。

(a) 温度が 0 に近づくにつれて，$E_0 = 0$ の項以外はすべて 0 になるので，$Q = 1$ になる。

(b) 温度が高くなり，∞ に近づくにつれて，各項は 1 になるので，Q

= ∞になる。

つまり，分配関数は各温度 T において熱的にとり得る全状態数を反映している。

さらに3.3.5項で示すように，カノニカル分配関数はエネルギーの分布（確率）を表すだけでなく，他の熱力学関数と重要な関係がある。

【演習1】 以下の問に答えなさい。
(1) 系のエネルギー準位が $E_j = j\varepsilon$ ($j = 0, 1, 2, \cdots$) であり，N 個の要素からなるカノニカルアンサンブルを考える。この系のカノニカル分配関数を計算しなさい。なお，$(1-x)^{-1} = 1 + x + x^2 + \cdots$ の関係が成り立つ。
(2) 要素の数が8個，集団の全エネルギーが 8ε であるとき，E_3 を占める要素の数 N_3 を求めなさい。

3.3.5 熱力学関数とカノニカル分配関数

古典熱力学で習った熱力学関数は，以下のようにカノニカル分配関数 Q を用いて表すことができる。

〔1〕 内部エネルギーと分配関数 カノニカルアンサンブルにおけるエネルギーの集団平均 $\langle E \rangle_N$ は，式(3.77)で表されるように系の巨視的なエネルギー E_M と等しい。ここで，E_M は内部エネルギー U とみなせるので

$$U = \sum_i E_i P_i \tag{3.100}$$

の関係が成り立ち，P_i はカノニカル分配関数 Q を用いて

$$P_i = \frac{\exp\left(-\dfrac{E_i}{kT}\right)}{Q} \tag{3.101}$$

と表せるので，式(3.100)に代入することによって

$$U = \frac{\sum_i E_i \exp\left(-\dfrac{E_i}{kT}\right)}{Q} \tag{3.102}$$

の関係が得られる。ここで，$\exp\left(-\dfrac{E_i}{kT}\right)$ を N, V を一定として T で微

分すると

$$\frac{\partial}{\partial T}\left\{\exp\left(-\frac{E_i}{kT}\right)\right\}_V = \frac{E_i}{kT^2}\exp\left(-\frac{E_i}{kT}\right) \tag{3.103}$$

となる。なお，Nを一定とするのは一般的なので，添字のNを省略している。この式を変形して式(3.102)の分子に代入すると次式になる。

$$\sum_i E_i \exp\left(-\frac{E_i}{kT}\right) = kT^2 \frac{\partial}{\partial T}\left\{\sum_i \exp\left(-\frac{E_i}{kT}\right)\right\}_V = kT^2\left(\frac{\partial Q}{\partial T}\right)_V \tag{3.104}$$

したがって，カノニカル分配関数 Q がわかれば，以下の関係を用いて内部エネルギー U を計算できる。

$$U = kT^2 \frac{1}{Q}\left(\frac{\partial Q}{\partial T}\right)_V = kT^2\left(\frac{\partial \ln Q}{\partial T}\right)_V \tag{3.105}$$

〔2〕 **定容熱容量と分配関数** 定容熱容量 C_V は，式(2.75)に示したように内部エネルギーを温度で微分することによって得られる（体積は一定）。

$$C_V = \left(\frac{\partial U}{\partial T}\right)_V = 2kT\left(\frac{\partial \ln Q}{\partial T}\right)_V + kT^2\left(\frac{\partial^2 \ln Q}{\partial T^2}\right)_V \tag{3.106}$$

〔3〕 **ヘルムホルツの自由エネルギーと分配関数** ヘルムホルツの自由エネルギー A と内部エネルギーには式(2.151)で定義したつぎの関係がある。

$$A = U - TS \tag{3.107}$$

また，式(2.174)にあるように，エントロピーはヘルムホルツの自由エネルギーを用いて以下のように表すことができる。

$$S = -\left(\frac{\partial A}{\partial T}\right)_V \tag{3.108}$$

これを式(3.107)に代入して整理すると

$$\frac{U}{T} = \frac{A}{T} - \left(\frac{\partial A}{\partial T}\right)_V = -T\frac{\partial}{\partial T}\left(\frac{A}{T}\right)_V \tag{3.109}$$

となる。この式と，式(3.105)を比較すると

$$\frac{\partial}{\partial T}\left(\frac{A}{T}\right)_V = -\left(\frac{\partial k\ln Q}{\partial T}\right)_V \tag{3.110}$$

の関係があることがわかるので，ヘルムホルツの自由エネルギーはカノニカル分配関数を用いてつぎのように表せることが明らかになる．

$$A = -kT\ln Q \tag{3.111}$$

〔4〕**エントロピーと分配関数**　式(3.108)と式(3.111)より，エントロピー S とカノニカル分配関数には以下の関係があることがわかる．

$$S = k\ln Q + kT\left(\frac{\partial \ln Q}{\partial T}\right)_V \tag{3.112}$$

〔5〕**圧力と分配関数**　圧力 P とヘルムホルツの自由エネルギーには式(2.172)の関係があるので，カノニカル分配関数を用いて次式のように表すことができる．

$$P = -\left(\frac{\partial A}{\partial V}\right)_T = kT\left(\frac{\partial \ln Q}{\partial V}\right)_T \tag{3.113}$$

〔6〕**エンタルピーと分配関数**　エンタルピー H は式(2.30)で定

表3.2　熱力学関数とカノニカル分配関数の関係

熱力学関数	カノニカル分配関数による表現
内部エネルギー	$U = kT^2\left(\dfrac{\partial \ln Q}{\partial T}\right)_V$
定容熱容量	$C_V = 2kT\left(\dfrac{\partial \ln Q}{\partial T}\right)_V + kT^2\left(\dfrac{\partial^2 \ln Q}{\partial T^2}\right)_V$
ヘルムホルツの自由エネルギー	$A = -kT\ln Q$
エントロピー	$S = k\ln Q + kT\left(\dfrac{\partial \ln Q}{\partial T}\right)_V$
圧力	$P = kT\left(\dfrac{\partial \ln Q}{\partial V}\right)_T$
エンタルピー	$H = kT^2\left(\dfrac{\partial \ln Q}{\partial T}\right)_V + kTV\left(\dfrac{\partial \ln Q}{\partial V}\right)_T$
ギブスの自由エネルギー	$G = -kT\ln Q + kTV\left(\dfrac{\partial \ln Q}{\partial V}\right)_T$

義されるので，以下の関係が得られる．

$$H = U + PV = kT^2\left(\frac{\partial \ln Q}{\partial T}\right)_V + kTV\left(\frac{\partial \ln Q}{\partial V}\right)_T \quad (3.114)$$

〔7〕 **ギブスの自由エネルギーと分配関数**　ギブスの自由エネルギーは式(2.152)で定義されるので，以下の関係が得られる．

$$G = H - TS = -kT\ln Q + kTV\left(\frac{\partial \ln Q}{\partial V}\right)_T \quad (3.115)$$

これらの関係を**表3.2**にまとめる．このように，分配関数がわかると熱力学に関する多くの知見が得られる．

【演習1】　以下の問に答えなさい．
(1) カノニカルアンサンブルにおける各要素のエントロピーは，状態iとなる確率P_iを用いて

$$S = -k\sum_i P_i \ln P_i$$

と表される．この式を用いてSのカノニカル分配関数Qによる表現式を導きなさい．
(2) ギブスの自由エネルギーとカノニカル分配関数Qの関係を導きなさい．ただし(1)の結果と以下の関係式を用いること．

$$P = kT\left(\frac{\partial \ln Q}{\partial V}\right)_T$$

3.3.6　熱力学の法則の統計熱力学による表現

〔1〕 **仕事と熱**　2.2.1項で説明したように，系に与える仕事δwは「圧力×容積変化」で表すことができる．

$$\delta w = -PdV \quad (3.116)$$

ここで，圧力はカノニカル分配関数を用いて式(3.113)のように表すことができるので

$$\delta w = -kT\left(\frac{\partial \ln Q}{\partial V}\right)_T dV = -kT(d\ln Q)_T = -kT\left(\frac{dQ}{Q}\right)_T \quad (3.117)$$

となる．また，Tを一定の条件としてカノニカル分配関数を微分し，式

(3.101)の関係を用いると

$$dQ = -\sum_i \frac{1}{kT} \exp\left(-\frac{E_i}{kT}\right) dE_i = -\frac{Q}{kT} \sum_i P_i dE_i \qquad (3.118)$$

となる。これより、以下の関係が得られる。

$$\delta w = -kT \left(\frac{dQ}{Q}\right)_T = \sum_i P_i dE_i \qquad (3.119)$$

したがって、「仕事」は「状態iとなる確率P_iとエネルギー変化dE_iの積の和」で表すことができる。

一方、系に加えた熱は式(2.110)のエントロピーの定義より

$$\delta q = TdS \qquad (3.120)$$

で表すことができる。また、後述するようにエントロピーと確率P_iには

$$S = -k \sum_i P_i \ln P_i \qquad (3.121)$$

の関係があるので、微分すると

$$dS = -k \sum_i \left(P_i d\ln P_i + \ln P_i dP_i\right) = -k \sum_i \left(dP_i + \ln P_i dP_i\right)$$

$$= -k \sum_i \ln P_i dP_i \qquad (3.122)$$

となる。これを式(3.120)に代入すると次式が得られる。

$$\delta q = -kT \sum_i \ln P_i dP_i \qquad (3.123)$$

ここで、確率P_iは式(3.90)で表せるので、両辺の対数をとると

$$\ln P_i = -\frac{E_i}{kT} - \ln Q \qquad (3.124)$$

となる。この関係を式(3.123)に代入すると、次式が得られる。

$$\delta q = -kT \sum_i \left(-\frac{E_i}{kT} - \ln Q\right) dP_i = \sum_i E_i dP_i + kT \ln Q \sum_i dP_i$$

$$= \sum_i E_i dP_i \qquad (3.125)$$

したがって、統計熱力学により熱を表現すると「状態iのエネルギーE_iと確率変化dP_iの積の和」であることがわかる。

〔2〕 **熱力学第一法則**　式(3.100)より内部エネルギーを微分すると

$$dU = \sum_i E_i dP_i + \sum_i P_i dE_i \tag{3.126}$$

となるので，式(3.119)と式(3.125)に示した統計熱力学による仕事と熱の表現を用いると

$$dU = \delta q + \delta w \tag{3.127}$$

であることがわかる。これは2.2.3項で述べた熱力学第一法則を意味しており，式(3.126)はその統計熱力学的表現である。

〔3〕 **熱力学第二法則**　エントロピー S は式(3.81)のように表すことができる。ただし，カノニカルアンサンブルを考えたとき，集団中の要素（系）の総数を $\mathbb{N}$，集団全体がとる配置の総数を $\mathcal{W}$ とおくと，$\mathcal{W}$ は各要素における配置数 W の積なので

$$\mathcal{W} = W^{\mathbb{N}} \quad \text{すなわち} \quad W = \mathcal{W}^{1/\mathbb{N}} \tag{3.128}$$

の関係がある。系のエントロピー S は集団平均のエントロピー $\langle S \rangle$ に等しいため

$$S = \langle S \rangle = \frac{k}{\mathbb{N}} \ln \mathcal{W} \tag{3.129}$$

と表すことができる。この式(3.129)と式(3.81)はエントロピーの統計熱力学的表現であり，配置の総数の増加は，その状態を実現する確率の増大を意味しているため，熱力学第二法則に対応している。

また，集団の中でエネルギー E_i となる要素の数を $\mathbb{N}_i$ とすると，式(3.129)より

$$\begin{aligned}
S &= \frac{k}{\mathbb{N}} \left(\ln \mathbb{N}! - \sum_i \ln \mathbb{N}_i! \right) = \frac{k}{\mathbb{N}} \left\{ \mathbb{N} \ln \mathbb{N} - \mathbb{N} - \sum_i \left(\mathbb{N}_i \ln \mathbb{N}_i - \mathbb{N}_i \right) \right\} \\
&= \frac{k}{\mathbb{N}} \sum_i \left(\mathbb{N}_i \ln \mathbb{N} - \mathbb{N}_i \ln \mathbb{N}_i \right) = -k \sum_i \frac{\mathbb{N}_i}{\mathbb{N}} \ln \frac{\mathbb{N}_i}{\mathbb{N}} \\
&= -k \sum_i P_i \ln P_i
\end{aligned} \tag{3.130}$$

と表すことができる。式(3.121)は，この関係を用いている。

　もう少し，統計熱力学と熱力学第二法則の関係を考えてみよう。熱力学第二法則より「温度の異なる二つの系を接触させると，熱（エネルギー）は必ず高温側から低温側に移動する」と考えられる。ここで，二つの系の合計のエネルギー E を一定とし，低温側のエネルギーを E_A，高温側のエネルギーを E_B（$=E-E_A$）で表すことにする。また，低温側と高温側の状態の数をそれぞれ $W_A(E_A)$，$W_B(E_B)$ とし，全体の状態の数を W とする。このとき

(a) E_A の増加により W_A は増加するが，それに伴って E_B が減少するため W_B は減少する

(b) W は $W_A(E_A)$ と $W_B(E_B)$ の積である

ということがいえる。二つの系が接触すると，低温側の E_A が増加して（高温側の E_B が減少して），熱平衡状態（$E_A' = E_B' = \dfrac{E}{2}$）になるが，その状態の数に注目すると

$$W = W_A(E_A) \times W_B(E_B) \tag{3.131}$$

が最大（極大）になっている必要がある。エントロピー S は式(3.81)で表すことができるので

$$S = k \ln W = k \ln W_A + k \ln W_B = S_A + S_B \tag{3.132}$$

が最大となる条件を考えると

$$\frac{dS}{dE_A} = \frac{dS_A}{dE_A} + \frac{dS_B}{dE_A} = \frac{dS_A}{dE_A} + \frac{dE_B}{dE_A}\frac{dS_B}{dE_B} = \frac{dS_A}{dE_A} - \frac{dS_B}{dE_B} = 0 \tag{3.133}$$

が成り立つ。つまり，熱平衡状態では次式の関係がある。

$$\frac{dS_A}{dE_A} = \frac{dS_B}{dE_B} \tag{3.134}$$

　この条件は温度が等しくなったことを意味しているはずなので，エントロピーをエネルギーで微分したものは温度の関数になっていると考えられる。

$$\frac{dS}{dE} = f(T) \tag{3.135}$$

また，熱平衡に達するまでの過程を考えると，低温側のエネルギー E_A の増加に伴ってエントロピー S が増加しているはずである．したがって，式(3.133)は正の値になっているはずなので

$$\frac{dS_A}{dE_A} > \frac{dS_B}{dE_B} \tag{3.136}$$

の関係が成り立つ．これらのことから，式(3.135)は温度の逆数の関数になっていると考えられ，統計熱力学では温度を次式のように定義する．

$$\frac{dS}{dE} = \frac{1}{T} \tag{3.137}$$

これは，古典熱力学の式(2.110)に対応している．

〔4〕 **熱力学第三法則**　0 K で分子が完全に規則的な配列をとるとき，集団全体の配置の総数は $W=1$ となるので，式(3.129)より

$$S = \frac{k}{\mathbb{N}} \ln 1 = 0 \tag{3.138}$$

となる．式(3.138)は熱力学第三法則の統計熱力学的表現である．

3.3.7 分子分配関数

3.3.6項では，熱力学関数とカノニカル分配関数 Q の関係を説明し，古典熱力学と統計熱力学の関係を明らかにしてきた．ここで，カノニカル分配関数は，系（要素）の状態 i のエネルギーを E_i として，可能なすべての状態について $\exp\left(-\frac{E_i}{kT}\right)$ を加えたものであった．したがって，系の状態 i のエネルギー E_i を求める必要があるが，化学では原子・分子の振舞いに注目するため，系を構成する分子1個のエネルギー ε_i を基に考えるほうが合理的である．そこで，**分子分配関数** q を導入する．

系のエネルギー E_i を構成する分子のエネルギー ε_i から求める場合，理想気体（個々の分子が他の分子とまったく無関係に運動）や理想的な結晶（独立な振動粒子の集まり）では，E_i は ε_i の総和として考えられる．以下において，このような「独立した粒子系」を考える．

〔1〕 **分子分配関数**　系の状態を i，状態 i におけるエネルギーを E_i，系は区別できる分子 a, b, c, … で構成されるものとする．例えば，分子 a の状態 i におけるエネルギーを ε_{ai} とすると，系の状態 i におけるエネルギー E_i は次式で表される．

$$E_i = \varepsilon_{ai} + \varepsilon_{bi} + \varepsilon_{ci} + \cdots \tag{3.139}$$

分配関数は「可能なすべての状態についての $\exp\{-(\text{エネルギー})/kT\}$ の総和」として定義されるので，分子 a, b, c, … についての分子分配関数を $q_a, q_b, q_c, \cdots$ で表わすと，例えば q_a は

$$q_a = \sum_i \exp\left(-\frac{\varepsilon_{ai}}{kT}\right) \tag{3.140}$$

のように表すことができる．ここで，カノニカル分配関数における状態 i のエネルギー E_i を，各分子のエネルギーを用いて表すと

$$\begin{aligned}Q &= \sum_i \exp\left(-\frac{E_i}{kT}\right) = \sum_i \exp\left(-\frac{\varepsilon_{ai} + \varepsilon_{bi} + \varepsilon_{ci} + \cdots}{kT}\right) \\ &= \left\{\sum_i \exp\left(-\frac{\varepsilon_{ai}}{kT}\right)\right\}\left\{\sum_i \exp\left(-\frac{\varepsilon_{bi}}{kT}\right)\right\}\left\{\sum_i \exp\left(-\frac{\varepsilon_{ci}}{kT}\right)\right\}\cdots\end{aligned} \tag{3.141}$$

となるので，カノニカル分配関数と分子分配関数について以下の関係が導かれる．

$$Q = q_a q_b q_c \cdots \tag{3.142}$$

〔2〕 **各分子を区別できる・できない場合の分子分配関数**　同種の粒子からなる系では

$$q_a = q_b = q_c = \cdots = q \tag{3.143}$$

の関係があるので，粒子の数を N とすると，式(3.142)より

$$Q = q^N \tag{3.144}$$

となる．この場合，「同種の区別できる分子からなる系」を考えている．

それでは「同種の区別できない分子からなる系」ではどのように考えればよいのか．簡単に説明すると「区別できる N 個の粒子を N 個の状態に一つずつ分配する方法の数は $N!$ あるが，分子が区別できない場合はこれがすべて区別できない．したがって，分子が区別できない場合には，区別できる場合の分配関数を $N!$ で割ればよい．

$$Q = \frac{1}{N!} q^N \tag{3.145}$$

実際にどちらを使えばよいかは，対象とする系に依存する．一般的にいうと，気体の場合は区別できないが，固体の場合は原子の位置がおおむね固定されているので区別できる．

〔3〕 **縮重がある場合の分子分配関数**　すでに述べたように，分子分配関数は

$$q = \exp\left(-\frac{\varepsilon_0}{kT}\right) + \exp\left(-\frac{\varepsilon_1}{kT}\right) + \exp\left(-\frac{\varepsilon_2}{kT}\right) + \cdots \tag{3.146}$$

で定義される．ここで，例えば，エネルギー準位 0 と 1 が縮重しているとすると，$\varepsilon_0 = \varepsilon_1 = \varepsilon_1$ となるので

$$q = 2\exp\left(-\frac{\varepsilon_1}{kT}\right) + \exp\left(-\frac{\varepsilon_2}{kT}\right) + \cdots \tag{3.147}$$

と表すことができる．

一般に，g_j 個の別々の状態のエネルギーが同じであるとき（つまり g_j は縮重度），これを一括して一つのエネルギー状態として取り扱うことができる．

$$q = \sum_j g_j \exp\left(-\frac{\varepsilon_j}{kT}\right) \tag{3.148}$$

【演習1】　つぎの文章の (a)〜(g) に当てはまる最も適当な語句・数式を答えなさい．

系の微視的状態 i におけるエネルギーを E_i とし，系は"区別できる"分子

(a, b, c, …) で構成されているものとする。状態 i における分子 a, b, c, … のエネルギーをおのおの $\varepsilon_{ai}, \varepsilon_{bi}, \varepsilon_{ci}, \cdots$ とすると、$E_i=$ [(a)] と表すことができる。分配関数は可能なすべての状態についての [(b)] の総和として定義されるので、例えば分子 a の分配関数(分子分配関数)は、$q_a = \sum$ [(c)] のようになる。ここで、この系の分配関数(カノニカル分配関数)は $Q = \sum \exp\left(-\dfrac{E_i}{kT}\right) = \sum$ [(d)] となるので、分子分配関数を使って $Q=$ [(e)] のように表すことができる。このように全エネルギーがいくつかの異なった種類や形態のエネルギーの [(f)] で与えられるとき、全エネルギーに基づく分配関数はこれに寄与するエネルギーに基づく分配関数の [(g)] で表される。これを分配関数の [(g)] の規則という。

【演習2】 以下の問に答えなさい。
(1) 2個の区別できる分子がエネルギー値として ε_1 および ε_2 をとるとき
$$Q = q_a q_b$$
が成り立つことを示しなさい。ただし、Q は系のカノニカル分配関数、q_a および q_b は分子 a および b の分子分配関数である。
(2) 2個の区別できない分子と50個の量子状態からなる系を考える。分子の位置が(a) 局在化したとき、および(b) 非局在化したとき、の微視的状態の数を計算しなさい。

3.3.8 分配関数の各論

3.3.7項において、カノニカル分配関数を具体的に計算するため、分子分配関数という概念を導入した。これにより、分子1個がもつエネルギーからカノニカル分配関数を計算することが可能となり、さらには注目している系の各種熱力学関数を知ることができる(表3.2)。以下において、もう少し具体的に考えていく。

なるべく一般化するため、1原子分子気体ではなく、2原子分子気体や多原子分子気体を考える。このとき、分子1個がもつエネルギー ε_i に寄与するものとして、分子の並進運動のエネルギー ε_t、分子内での回転運動のエネルギー ε_r、振動運動のエネルギー ε_v が考えられる。さらに、電子のエネルギー ε_e も考えられる。したがって

$$\varepsilon_i = \varepsilon_t + \varepsilon_r + \varepsilon_v + \varepsilon_e \tag{3.149}$$

と内訳を書くことができる。分子の並進の分配関数を q_t,回転の分配関数を q_r,振動の分配関数を q_v,電子の分配関数を q_e とすると,式 (3.142) に示したように分配関数には積の規則があるため

$$q = q_t q_r q_v q_e \tag{3.150}$$

と表すことができる。

また,系の分子数を N とすると,カノニカル並進分配関数 Q_t は

$$Q_t = q_t^N \tag{3.151}$$

と表すことができる。カノニカル回転分配関数 Q_r とカノニカル振動分配関数 Q_v についても分子分配関数を用いて表すことが可能であり

$$Q_r = q_r^N \tag{3.152}$$

$$Q_v = q_v^N \tag{3.153}$$

となる。カノニカル電子分配関数 Q_e についても同様につぎのようになる。

$$Q_e = q_e^N \tag{3.154}$$

系のエネルギー E_i についても式 (3.149) のように書けるので,カノニカル分配関数についても

$$Q = Q_t Q_r Q_v Q_e \tag{3.155}$$

の関係が成り立つ。ただし,一般的に気体分子は区別できないことを考慮しなければならない。したがって,カノニカル分配関数は次式により計算することができる。

$$Q = \frac{1}{N!} q_t^N q_r^N q_v^N q_e^N \tag{3.156}$$

以下において,古典物理と量子化学(微視的な視点)における各運動のエネルギーについて簡単に説明しながら,おのおのの分子分配関数の計算方法を考えていく。

〔1〕 **並進運動と並進分配関数**　　一般的に,質点の位置(座標)は

各軸方向に長さ x, y, z の成分をもつベクトル r で記述する。r を位置ベクトルまたは動径ベクトルという。速度 v は位置の時間に対する変化率であり, 各方向の成分を

$$v_x = \frac{dx}{dt}, \qquad v_y = \frac{dy}{dt}, \qquad v_z = \frac{dz}{dt} \tag{3.157}$$

とするベクトルである。また, 質点の質量を m とすれば, 運動量 p は各方向の成分を

$$p_x = mv_x, \qquad p_y = mv_y, \qquad p_z = mv_z \tag{3.158}$$

とするベクトルであり, 各方向にそれぞれ

$$\frac{1}{2}mv_x^2 = \frac{p_x^2}{2m}, \qquad \frac{1}{2}mv_y^2 = \frac{p_y^2}{2m}, \qquad \frac{1}{2}mv_z^2 = \frac{p_z^2}{2m} \tag{3.159}$$

の運動エネルギーをもっている。

　しかし, ミクロの世界の粒子（分子）の運動は, 量子力学の法則に支配されていて, 粒子性だけでなく波動性をもっている。その波長 λ は, 粒子のもつ運動量 p とド・ブロイ (de Broglie) の式で関係づけられる。

$$p = \frac{h}{\lambda} \tag{3.160}$$

ここで, h はプランク定数である。一辺 L の立方体の箱の中を運動している粒子による波動は, 箱全体に広がっていて, 定常的な運動をしている。粒子が箱の中で定常的な運動をしていれば, 粒子の波動も定常的であり, 波動は器壁上では振動しないで止まっている。すなわち, 波動は器壁上に節 (node) を置く。このためには, 波長の半分の整数倍が箱の一辺の長さ L に等しくならなくてはならない（**図3.14**）。

$$L = n\frac{\lambda}{2} \tag{3.161}$$

ここで n は正の整数 ($n = 1, 2, 3, \cdots$) である。いま, x 成分のみについて考えると, 式(3.161)を式(3.160)に代入することにより, 次式が得られる。

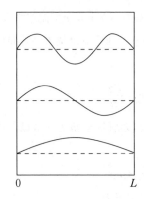

図 3.14 箱の中の粒子による定常的な波動

$$p_x = \frac{n_x h}{2L} \tag{3.162}$$

この式から，x 成分の定常状態のエネルギーを

$$\varepsilon_x = \frac{1}{2} m v_x^2 = \frac{p_x^2}{2m} = \frac{h^2}{8mL^2} n_x^2 \tag{3.163}$$

と書き表すことができる。一辺 L の立方体の箱の中を運動する粒子は，各軸方向に独立な運動をしているため，その並進運動のエネルギーの総和 $\varepsilon_{n,t}$ は

$$\varepsilon_{n,t} = \frac{h^2}{8mL^2} \left(n_x^2 + n_y^2 + n_z^2 \right) \tag{3.164}$$

となる。ここで，量子数 n_x, n_y, n_z は正の整数である。なお，整数値でない値は定常状態に対応しない。また，各方向の長さをすべて L ではなく，それぞれ L_x, L_y, L_z として一般化すると

$$\varepsilon_{n,t} = \frac{h^2}{8m} \left(\frac{n_x^2}{L_x^2} + \frac{n_y^2}{L_y^2} + \frac{n_z^2}{L_z^2} \right) = \varepsilon_{n,x} + \varepsilon_{n,y} + \varepsilon_{n,z} \tag{3.165}$$

となる。したがって，分配関数の積の規則によって

$$q_t = q_x q_y q_z \tag{3.166}$$

と表すことができる（q_x, q_y, q_z は，それぞれ x, y, z 方向の並進運動の分配関数である）。

ここで，まず q_x に着目すると

$$q_x = \sum_{n_x} \exp\left(-\frac{h^2}{8mkTL_x^2}n_x^2\right) \tag{3.167}$$

により計算できるので，右辺の定数を α^2 とおいてガウス関数の積分を行うと，つぎの関係が得られる．

$$q_x = \int_0^\infty \exp(-\alpha^2 n_x^2)dn_x = \frac{\sqrt{\pi}}{2\alpha} = \sqrt{\frac{2\pi mkT}{h^2}}L_x \tag{3.168}$$

同様に q_y と q_z も計算できるので，体積 $V(=L_xL_yL_z)$ を用いると，分子の並進の分配関数は

$$q_t = \left(\frac{2\pi mkT}{h^2}\right)^{3/2}V \tag{3.169}$$

と表すことができる．また，カノニカル並進分配関数に拡張すると

$$Q_t = \left\{\left(\frac{2\pi mkT}{h^2}\right)^{3/2}V\right\}^N \tag{3.170}$$

が得られる．

〔2〕 **回転運動と回転分配関数** 中心のまわりを，半径 r の円軌道を描きながら速さ v で運動している質点を考える．この質点は，単位時間に

$$\omega = 2\pi\left(\frac{v}{2\pi r}\right) = \frac{v}{r} \tag{3.171}$$

だけ回転するので，ω を角速度という．また，いくつかの質量 m_i の質点 i が速さ v_i，角速度 ω で回転運動していれば，系全体の回転の運動エネルギーは以下のように書ける．

$$T = \frac{1}{2}\sum_i m_i v_i^2 = \frac{1}{2}\left(\sum_i m_i r_i^2\right)\omega^2 = \frac{1}{2}I\omega^2 \tag{3.172}$$

ここで，I を慣性モーメントという．式(3.172)を並進の運動エネルギーと比較すると，質量 m に対応するのが慣性モーメント I，速度 v に対応するのが角速度 ω であると考えることができる．

図3.15に示すように，2原子分子の二つの原子の質量を m_1，m_2，質

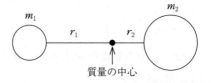

図3.15 2原子分子の回転運動の模式図

量の中心（重心）からの距離を r_1, r_2 とすれば，回転中心である重心は(原子の質量)×(原子と重心の距離)の値がすべての原子について釣り合った点であるため，2原子分子では

$$m_1 r_1 = m_2 r_2 \tag{3.173}$$

となり，二つの原子の距離を r（$=r_1+r_2$）とおくと

$$r_1 = \frac{m_2}{m_1+m_2} r, \quad r_2 = \frac{m_1}{m_1+m_2} r \tag{3.174}$$

の関係が得られる。したがって，慣性モーメント I は

$$I = \frac{m_1 m_2^2}{(m_1+m_2)^2} r^2 + \frac{m_1^2 m_2}{(m_1+m_2)^2} r^2 = \frac{m_1 m_2}{m_1+m_2} r^2 = \mu r^2 \tag{3.175}$$

と表すことができる。ここで μ は式(3.33)で表される換算質量である。

量子力学によれば，質量 m に対応する慣性モーメント I と速度 v に対応する角速度 ω の積である角運動量 L は，つぎのように量子化される。

$$L = I\omega = \frac{h}{2\pi} \sqrt{J(J+1)} \tag{3.176}$$

ただし，J は量子数である（$J=0, 1, 2, \cdots$）。また，量子数 J の状態の回転運動のエネルギー $\varepsilon_{J,r}$ は

$$\varepsilon_{J,r} = \frac{1}{2} I\omega^2 = \frac{L^2}{2I} = \frac{h^2}{8\pi^2 I} J(J+1) \tag{3.177}$$

と表すことができる。

なお，量子数 J で特定される状態には，角運動量成分として J, $J-1$, $J-2$, $\cdots$, 1, 0, -1, $\cdots$, $-J+2$, $-J+1$, $-J$ という $2J+1$ 個の

縮重した成分がある。つまり，縮重度g_Jを考慮する必要がある。

$$g_J = 2J+1 \tag{3.178}$$

以上のことから，回転運動の分配関数は

$$q_r = \sum_J (2J+1) \exp\left\{-\frac{J(J+1)h^2}{8\pi^2 IkT}\right\} \tag{3.179}$$

となる。ここで定数となる部分をθ_r（回転の特性温度と呼ばれる）とおくと，以下のように計算できる。

$$q_r = \sum_J (2J+1) \exp\left\{-\frac{J(J+1)\theta_r}{T}\right\}$$

$$= \int_0^\infty (2J+1) \exp\left\{-\frac{J(J+1)\theta_r}{T}\right\} dJ$$

$$= \int_0^\infty \exp\left\{-\frac{(J^2+J)\theta_r}{T}\right\}\left(-\frac{T}{\theta_r}\right)\left(-\frac{\theta_r}{T}\right) d(J^2+J)$$

$$= -\frac{T}{\theta_r}\int_0^{-\infty} \exp\left\{-\frac{(J^2+J)\theta_r}{T}\right\} d\left\{-\frac{(J^2+J)\theta_r}{T}\right\} = \frac{T}{\theta_r} \tag{3.180}$$

と計算できる。最後に対称数σ（非対称性の異核分子では1，対称性の同核分子では2）を考慮すると，2原子分子の回転分配関数は

$$q_r = \frac{T}{\sigma \theta_r} = \frac{8\pi^2 IkT}{\sigma h^2} \tag{3.181}$$

となる。また，分子の総数をNとして，カノニカル回転分配関数に拡張すると

$$Q_r = \left(\frac{8\pi^2 IkT}{\sigma h^2}\right)^N \tag{3.182}$$

が得られる。

〔3〕 **振動運動と振動分配関数**　2原子分子の伸縮振動は，ばねの調和振動と考えることができる。質量m_1，m_2の二つの質点1，2がばねで結合しているとする。ばねの長さが自然長dより短くなったり，長くなったりすると，ばねに復元力が作用する。これらの質点について

ニュートンの運動方程式を書くと

$$m_1 \frac{d^2 x_1}{dt^2} = -k\{(x_1 - x_2) + d\} \tag{3.183a}$$

$$m_2 \frac{d^2 x_2}{dt^2} = -k\{(x_2 - x_1) - d\} \tag{3.183b}$$

のようになる。ただし，図 3.16 で示すように x_1, x_2 は質点 1，2 の位置を表し，k はばね定数である。m_1 に作用する力は m_2 に作用する力と大きさが等しく，方向が反対になっている。したがって，これらの式を加えると

$$\frac{d^2 (m_1 x_1 + m_2 x_2)}{dt^2} = 0 \tag{3.184}$$

となる。ここで，質量中心の座標を X, 質量を M とおくと

$$X = \frac{m_1 x_1 + m_2 x_2}{m_1 + m_2} = \frac{m_1 x_1 + m_2 x_2}{M} \tag{3.185}$$

となるので，式 (3.184) は

$$M \frac{d^2 X}{dt^2} = 0 \tag{3.186}$$

と書き換えられる。つまり，質量中心には力が作用しないので，静止しているか，等速直線運動をつづける。式 (3.183a) と式 (3.183b) の両辺をそれぞれ m_1 と m_2 で割り，その差をとると

$$\frac{d^2 (x_2 - x_1)}{dt^2} = -k\left(\frac{1}{m_1} + \frac{1}{m_2}\right)(x_2 - x_1 - d) \tag{3.187}$$

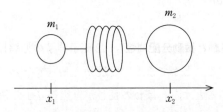

図 3.16　2 原子分子の振動運動の模式図

となる。ばねの伸びを $q\ (=x_2-x_1-d)$ とし，換算質量 μ を用いると

$$\frac{\mu d^2 q}{dt^2} + kq = 0 \tag{3.188}$$

と書くことができる。これが調和振動子の運動方程式である。いま仮に

$$q = A \sin \omega t \tag{3.189}$$

とおくと（A は振幅），式(3.188)に代入することによって，振動数 ν が求められる。

$$\nu = \frac{\omega}{2\pi} = \frac{1}{2\pi}\sqrt{\frac{k}{\mu}} \tag{3.190}$$

また，式(3.188)の両辺に q の時間微分を掛けて整理すると

$$\frac{d}{dt}\left\{\frac{1}{2}\mu\left(\frac{dq}{dt}\right)^2 + \frac{1}{2}kq^2\right\} = 0 \tag{3.191}$$

となり，中括弧（波括弧）の中が時間に依存しないことがわかる。その第1項は運動エネルギー，第2項は位置エネルギーであるため，この式はエネルギーが保存されていることを意味している。また，この振動のエネルギーは

$$\varepsilon_v = \frac{1}{2}\mu\left(\frac{dq}{dt}\right)^2 + \frac{1}{2}kq^2 = \frac{1}{2}kA^2\cos^2\omega t + \frac{1}{2}kA^2\sin^2\omega t = \frac{1}{2}kA^2 \tag{3.192}$$

と表すことができ，古典的振動子のエネルギーは振幅 A の2乗に比例している。

しかし，分子の運動を考える場合，分子振動は量子化 ($n = 0, 1, 2, \cdots$) されており，そのエネルギー $\varepsilon_{n,v}$ は振動数 ν を用いて

$$\varepsilon_{n,v} = \left(n + \frac{1}{2}\right)h\nu \tag{3.193}$$

で与えられる。したがって，2原子分子の場合の振動の分配関数は

$$q_v = \sum_n \exp\left\{-\frac{\left(n + \frac{1}{2}\right)h\nu}{kT}\right\} \tag{3.194}$$

により計算できる。この式を展開すると

$$q_v = \exp\left(-\frac{1}{2}\frac{h\nu}{kT}\right) + \exp\left(-\frac{3}{2}\frac{h\nu}{kT}\right) + \exp\left(-\frac{5}{2}\frac{h\nu}{kT}\right) + \cdots$$

$$= \exp\left(-\frac{1}{2}\frac{h\nu}{kT}\right) \times \left\{1 + \exp\left(-\frac{h\nu}{kT}\right) + \exp\left(-\frac{2h\nu}{kT}\right) + \cdots\right\}$$

(3.195)

となる。ここで，$x = \exp\left(\dfrac{h\nu}{kT}\right)$ とおき，x が1に比べて十分に小さいので

$$1 + x + x^2 + x^3 + \cdots = \frac{1}{1-x} \tag{3.196}$$

の近似を用いると，振動の分配関数は次式により与えられる。

$$q_v = \frac{\exp(-h\nu/(2kT))}{1 - \exp(-h\nu/(kT))} \tag{3.197}$$

また，零点振動のエネルギーを基準にすることが多く，この場合は

$$q_v = \frac{1}{1 - \exp(-h\nu/(kT))} \tag{3.198}$$

と書くことができる。

　それでは，多原子分子の振動分配関数はどのように計算すればよいのだろうか。まずは，多原子分子の独立した基準振動の数を考える。n 個の原子からなる多原子分子の場合，もともと $3n$ 個の座標で原子を記述できるため，自由度が $3n$ 個存在する。これらの自由度は分子の並進，回転および振動の運動に割り当てられる。並進運動では，分子の重心の位置の指定に3個の座標が必要なので，残りの自由度の数は $(3n-3)$ 個となる。つぎに回転運動を考えると，直線形分子では2種類の回転があるため残りの自由度は $(3n-5)$ 個，非直線形分子では3種類の回転があるため残りの自由度は $(3n-6)$ 個となる。したがって，直線形分子では $(3n-5)$ 個，非直線形分子では $(3n-6)$ 個の基準振動が存在する。

　多原子分子の振動のエネルギー ε_v は，これらすべての基準振動によ

る振動エネルギー $\varepsilon(v_1), \varepsilon(v_2), \varepsilon(v_3), \cdots$ を用いて表すことが可能である。

$$\varepsilon_v = \varepsilon(v_1) + \varepsilon(v_2) + \varepsilon(v_3) + \cdots \qquad (3.199)$$

ここで，各基準振動における振動の分配関数を $q(v_i)$ とし，分配関数の積の規則を考慮すると

$$q_v = q(v_1)q(v_2)q(v_3)\cdots \qquad (3.200)$$

となる。また，分子の総数を N として，カノニカル振動分配関数に拡張すると

$$Q_v = q_v^N \qquad (3.201)$$

が得られる。なお，q_v は式 (3.198) または式 (3.200) を用いて求める。

〔4〕**電子分配関数**　一般に，電子エネルギー ε_e は縮重しているので，式 (3.148) より

$$q_e = g_0 \exp\left(-\frac{\varepsilon_0}{kT}\right) + g_1 \exp\left(-\frac{\varepsilon_1}{kT}\right) + g_2 \exp\left(-\frac{\varepsilon_2}{kT}\right) + \cdots (3.202)$$

と表すことができる。ここで，$\varepsilon_0, \varepsilon_1, \varepsilon_2, \cdots$ は電子のエネルギー，$g_0, g_1, g_2, \cdots$ は対応するエネルギーにおける縮重度である。一般に，ε_0 に対して $\varepsilon_1, \varepsilon_2, \cdots$ とても大きな値であるため，右辺の第 2 項以降は考慮しなくてよい。また，電子の基底状態におけるエネルギーである ε_0 は 0 となる。したがって，電子の分配関数は以下のように近似することができる。

$$q_e = g_0 \exp\left(-\frac{\varepsilon_0}{kT}\right) = g_0 \qquad (3.203)$$

以上のようにして求めた分子分配関数から，式 (3.156) によりカノニカル分配関数が計算できる。また，カノニカル分配関数と熱力学関数には表 3.2 の関係があることはすでに説明したとおりである。したがって，統計熱力学を用いることにより，多くの化学者が興味をもっている「分子の振舞い」という微視的な視点から，系の巨視的な性質を明らかにすることが可能となる。

【演習1】 以下の問に答えなさい。

(1) 分子の並進運動エネルギー準位は次式で表される。

$$\varepsilon_{n,t} = \frac{h^2}{8m}\left(\frac{n_x^2}{L_x^2} + \frac{n_y^2}{L_y^2} + \frac{n_z^2}{L_z^2}\right)$$

ただし，h はプランク定数，m は粒子の質量であり，n_x，n_y および n_z は量子数，L_x，L_y および L_z はそれぞれ x，y，z 方向の長さとする。この式を証明しなさい。

(2) (1)の式から，並進の分子分配関数 q_t と，粒子数 N からなる系の並進のカノニカル分配関数 Q_t を表す式を導きなさい。

【演習2】 慣性モーメントに関するつぎの問に答えなさい。ただし，原子は剛体球とみなせるものとする。

(1) 原子1および2からなる2原子分子の慣性モーメント I_{2AM} を求める式を導きなさい。ただし，これらの原子の質量を m_1 および m_2 とし，その原子間距離を r とする。

(2) 直線形多原子分子の慣性モーメント I_{MAM} の計算方法を説明しなさい。ただし，原子 i ($i=1, 2, 3, \cdots$) の質量を m_i ($i=1, 2, 3, \cdots$) とし，座標を x_i ($i=1, 2, 3, \cdots$) とする。

引用・参考文献

1) 戸田盛和：熱・統計力学，岩波書店 (1983)
2) 小島和夫：越智健二，化学系のための統計熱力学，培風館 (2003)
3) 千原秀昭・中村亘男 共訳：アトキンス物理化学（第8版），東京化学同人 (2009)
4) 加藤岳生：ゼロから学ぶ統計力学，講談社 (2014)

付　　　　録

A.1　水溶液中の標準状態での熱力学的性質表

表 A.1　水溶液中の標準状態での種々の物質の熱力学的データ*

溶液中の 分子種	ΔH_f^ϕ [kJ/mol]	S^ϕ [J/(K·mol)]	ΔG_f^ϕ [kJ/mol]
Ag^+	105.9	73.93	77.11
$Ag(NH_3)_2^+$	-111.8	242	-17.4
Al^{3+}	-525	-313	-481
Be^{2+}	-389	-230	-356.5
Br^-	-120.9	80.71	-102.8
Ca^{2+}	-543	-55.2	-553
CO_2	-412.9	121.3	-386.2
CO_3^{2-}	-676	-53.1	-528
Cl^-	-167.4	55.2	-131.2
ClO_4^-	-131.4	182.0	-8.0
Cu^{2+}	64.4	-98.7	65.0
$Cu(NH_3)_4^{2+}$	-334	807	-256
Cr^{3+}	-256	-307.5	-215.5
$Cr_2O_7^{2-}$	-1461	214	-1257
CrO_4^{2-}	-894	38.5	-737
F^-	-329.1	-9.6	-276.5
Fe^{2+}	-87.9	-113.4	-84.9
Fe^{3+}	-47.7	-293	-10.6
H^+	0.0	0.0	0.0
H_3O^+	-285.9	70.0	-237.2
H_3BO_3	-1068	160	-963
$H_2BO_3^-$	-1054	30.5	-910
HCl	-167.4	55.2	-131.2

* 0.1013 MPa, 298.15 K, $a=1$

表 A.1 (つづき)

溶液中の分子種	ΔH_f^ϕ [kJ/mol]	S^ϕ [J/(K·mol)]	ΔG_f^ϕ [kJ/mol]
H_2CO_3	−699	191	−623
HCO_3^-	−691	95.0	−587
HNO_3	−206.6	146.4	−110.6
H_3PO_4	−1290	176.1	−1147
$H_2PO_4^-$	−1303	89.1	−1135
HPO_4^{2-}	−1299	−36.0	−1094
H_2S	−39.3	122	−27.4
HS^-	−17.7	61.1	12.6
H_2SO_4	−907.5	17.1	−742
HSO_4^-	−885.8	126.9	−752.9
I^-	−55.94	109.4	−51.67
I_2	20.9	—	16.44
I_3^-	−51.9	174	−51.5
K^+	−251.2	102.5	−282.3
Li^+	−278.4	14.2	−293.8
Mg^{2+}	−462.0	−118	−456.0
Mn^{2+}	−218.8	−84	−233.4
MnO_4^-	−518	190	−425
NH_3	−80.8	110	−26.6
NH_4^+	−132.8	112.8	−79.5
NO_3^-	−206.6	146	−110.6
Na^+	−239.7	60.2	−261.9
OH^-	−230.0	−10.54	−157.3
PO_4^{3-}	−1284	−218	−1026
Pb^{2+}	1.63	21.3	−24.3
S^{2-}	35.8	−26.8	26.88
SO_3^{2-}	−635	−29	−486
SO_4^{2-}	−907.5	17.1	−742
Zn^{2+}	−152.4	−106.5	−147.2

* 0.1013 MPa, 298.15 K, $a=1$

A.2 標準状態での熱力学的性質表

表 A.2 種々の物質の標準状態での熱力学的データ*

物質	ΔH_f^ϕ [kJ/mol]	S^ϕ [J/(K·mol)]	ΔG_f^ϕ [kJ/mol]	$C_{P,m}$ [J/(K·mol)]
Ag(c)	0.0	42.7	0.0	25.5
AgBr(c)	−100.4	107.1	−96.9	52.4
AgCl(c)	−127.1	96.2	−109.8	50.8
$AgNO_3$(c)	−124.5	141	−33.6	93.1
Al(c)	0.0	28.3	0.0	24.3
Al_2O_3(c)	−1 676	50.9	−1 583	79.0
B(c)	0.0	5.86	0.0	12.0
B(g)	570	143	530	20.8
B_2H_6(g)	31.4	233	82.3	56.4
B_2O_3(c)	−1 273	54.0	−1 194	62.3
BN(c)	−251	14.8	−225	12.4
Ba(c)	0.0	62.8	0.0	—
$BaCl_2$(c)	−859	124	−811	83.5
BaO	−554	70.4	−526	45.3
Be(c)	0.0	9.54	0.0	17.8
Be(g)	320	136	290	20.8
BeO(c)	−610	14.1	−580	25.4
Br_2(l)	0.0	152	0.0	—
Br_2(g)	30.90	245.3	3.08	36.0
C(グラファイト)	0.0	5.73	0.0	8.64
C(g)	716.7	157.99	671.3	20.8
CO(g)	−110.41	197.91	−137.15	29.1
CO_2(g)	−393.51	213.64	−394.38	37.1
CS_2(l)	89.58	152	65.0	77.0
Ca(c)	0.0	41.4	0.0	26.3
CaF_2(c)	−1 220	68.9	−1 168	67.0
$CaCl_2$(c)	−796	104.6	−748	72.8
CaO(c)	−635	39.7	−604	43.1
$Ca(OH)_2$(c)	−986	83.4	−898	87.5
CaC_2(c)	−59.0	70.7	−64.3	62.4

* 0.1013 MPa, 298.15 K. (c) は結晶, (l) は液体, (g) は気体.

表 A.2 (つづき)

物質	ΔH_f^ϕ [kJ/mol]	S^ϕ [J/(K·mol)]	ΔG_f^ϕ [kJ/mol]	$C_{P,m}$ [J/(K·mol)]
$CaCO_3(c)$	−1 205	91.7	−1 127	81.9
$Cl_2(g)$	0.0	223	0.0	33.9
Co(c)	0.0	30.0	0.0	24.6
CoO(c)	−239	53.0	−215	52.7
Cr(c)	0.0	23.6	0.0	23.2
$Cr_2O_3(c)$	−1 140	81.2	−1 060	104.5
Cu(c)	0.0	33.1	0.0	24.5
$Cu_2O(c)$	−171	92.4	−141	69.9
CuO(c)	−156	42.6	−128	44.4
CuS(c)	−52.3	66.5	−52.8	47.4
$CuSO_4(c)$	−770	113	−672	101
$CuSO_4 \cdot 5H_2O(c)$	−2 280	305	−1 880	281
$F_2(g)$	0.0	203	0.0	31.5
Fe(g)	0.0	27.3	0.0	25.2
$Fe_{0.947}O(c)$	−266	57.5	−244	35.9
$Fe_2O_3(c)$	−824	87.4	−742	105
$Fe_3O_4(c)$	−1 119	146	−1 016	152
FeS(c)	−100	60.3	−105	54.6
Ge(c)	0.0	31.1	0.0	23.3
$GeH_4(g)$	90.8	217	113	—
$H_2(g)$	0.0	130.6	0.0	28.8
H(g)	217.97	114.6	203.27	20.8
HBr(g)	−36.23	198.6	−53.3	29.1
HCl(g)	−92.31	186.8	−95.29	29.1
HF(g)	−271.1	173.7	−273.2	28.5
HI(g)	26.5	206.4	1.87	29.2
HCN(g)	134.7	202	124.2	35.9
$HNO_3(l)$	−173.2	156	−80.0	110
$H_2O(l)$	−285.84	69.44	−237.04	75.3
$H_2O(g)$	−241.83	188.72	−228.59	33.6
$H_2O_2(l)$	−187.6	109.5	−120.2	—
$H_2S(g)$	−20.6	206	−33.6	34.0
Hg(l)	0.0	75.9	0.0	27.8

* 0.1013 MPa, 298.15 K。(c)は結晶, (l)は液体, (g)は気体。

A.2 標準状態での熱力学的性質表

表 A.2 (つづき)

物　質	ΔH_f^ϕ [kJ/mol]	S^ϕ [J/(K·mol)]	ΔG_f^ϕ [kJ/mol]	$C_{P,m}$ [J/(K·mol)]
Hg(g)	−60.8	174.8	31.9	20.8
HgCl(c)	−132.6	96.2	−105.4	50.9
I_2(c)	0.0	117	0.0	55.0
I_2(g)	62.42	261	19.5	36.9
K(c)	0.0	64.6	0.0	29.2
K(g)	89.2	160	60.8	20.8
KCl(c)	−436.7	82.5	−409	51.5
KI(c)	−328	106.4	−323	52.0
Li(c)	0.0	29.3	0.0	23.6
Li(g)	159	139	126	20.8
LiF(c)	−615	35.6	−586	44.7
LiCl(c)	−408	59.3	−384	50.2
LiH(c)	−90.0	20.1	−67.8	—
Mg(c)	0.0	32.7	0.0	23.9
$MgCl_2$(c)	−641.4	89.5	−592	71.3
$MgSO_4$(c)	−1 285	91.6	−1 171	98
Mn(c)	0.0	32.0	0.0	26.3
MnO_2(c)	−520	53.1	−465	54.0
N_2(g)	0.0	191.5	0.0	29.1
N(g)	472.7	153.2	455.6	20.8
NH_3(g)	−45.9	192.5	−16.3	35.7
NH_4Cl(c)	−315	94.6	−203	84.1
N_2O(g)	82.05	220	104	38.6
NO(g)	90.8	211	87.0	29.9
NO_2(g)	33	240.5	51.1	37.9
N_2O_5(g)	11.3	346	118.0	—
Na(c)	0.0	51.2	0.0	28.4
Na(g)	106.7	153.6	76.2	20.8
Na_2(g)	142	230	104	—
NaCl(c)	−411	72.1	−384	49.7
NaBr(c)	−361	86.8	−349	52.3
NaOH(c)	−427	64.4	−381	80.3
$NaNO_3$(c)	−467	116	−366	93.1

* 0.1013 MPa, 298.15 K. (c) は結晶, (l) は液体, (g) は気体.

表 A.2 (つづき)

物質	ΔH_f^ϕ [kJ/mol]	S^ϕ [J/(K·mol)]	ΔG_f^ϕ [kJ/mol]	$C_{P,m}$ [J/(K·mol)]
Na_2CO_3(c)	−1 130	136	−1 050	110.5
Na_2SO_4	−1 380	149.5	−1 262	128
$Na_2SO_4 \cdot 10H_2O$(c)	−4 320	593	−3 640	587
Ni(c)	0.0	29.9	0.0	25.8
NiO(c)	−241	38.1	−213	44.1
NiS(c)	−94.1	52.9	−91.4	46.9
O_2(g)	0.0	205	0.0	29.4
O(g)	249.2	161.0	231.8	20.8
P(c, 白)	17.4	41.1	11.9	23.2
P(c, 赤)	0.0	22.8	0.0	—
P(g)	334	163	292	20.8
PCl_3(g)	−271	312	−257	88.2
PCl_5(g)	−350	364	−285	148
PH_3(g)	22.8	210	25.4	46.8
P_2O_5(c)	−1 475	114	−1 343	123.4
Pb(c)	0.0	65.1	0.0	26.8
PbO(赤)	−219.0	66.5	−189.0	54.2
PbO(黄)	−217.3	68.7	−187.8	46.2
PbS(g)	−100.4	91.2	−98.7	49.5
Pu(c)	0.0	55.2	0.0	—
PuO_2(c)	−1 060	68.4	−1 003	69.8
S(斜方)	0.0	31.9	0.0	22.6
S(g)	279	167.7	237	20.8
SF_6(g)	−1 220	293	−1 116	—
SO_2(g)	−296.8	249	−300	31.8
SO_3(g)	−395.7	256	−370	50.6
Si(c)	0.0	18.8	0.0	19.9
Si(g)	456	168	412	20.8
SiC(c)	−73.2	16.6	70.8	26.3
$SiCl_4$(g)	−663	331	−623	112
SiO_2(α石英)	−911	41.5	−857	44.4
Sn(白)	0.0	51.4	0.0	26.3
Sn(灰)	1.97	44.1	4.15	—

* 0.1013 MPa, 298.15 K。(c) は結晶, (l) は液体, (g) は気体。

表 A.2 （つづき）

物質	ΔH_f^ϕ [kJ/mol]	S^ϕ [J/(K·mol)]	ΔG_f^ϕ [kJ/mol]	$C_{P,m}$ [J/(K·mol)]
$SnCl_4$(g)	−529	259	−458	98.4
SnO(c)	−286	56.5	−257	44.4
Ti(c)	0.0	30.6	0.0	25.0
TiO(ルチル)	−940	50.3	−890	55.0
U(c)	0.0	50.3	0.0	27.8
UF_4(c)	−1 900	151.7	−1 810	116
UF_6(g)	−2 140	378	−2 060	129
UO_2(c)	−1 080	77.8	−1 040	63.7
U_3O_8(c)	−3 570	282	−3 265	237
Zn(c)	0.0	41.6	0.0	25.1
ZnO(c)	−348	43.6	−318	40.3
ZnS(六方)	−206	57.7	−201	55.7

* 0.1013 MPa，298.15 K。(c) は結晶，(l) は液体，(g) は気体。

演習問題解答

2 章

2.2.1 項

【演習 1】

(1) 本文の式および諸定数より

$$w = (0.250 \text{ mol}) \times (8.314 \text{ J/(K·mol)}) \times (350 \text{ K}) \times \left(\ln \frac{2.00}{4.00}\right)$$
$$= -504 \text{ [J]} \quad \langle 答 \rangle$$

(2) 本文の式および諸定数より

$$w = (0.250 \text{ mol}) \times (0.083\,14 \text{ L·bar/(K·mol)}) \times (350 \text{ K})$$
$$\times \left(\ln \frac{2.00 - 0.250 \times 0.123}{4.00 - 0.250 \times 0.123}\right)$$
$$+ \{(0.250)^2 \text{ mol}^2\} \times (14.7 \text{ L}^2\text{·bar/mol}^2) \times \left\{\left(\frac{1}{2.00} - \frac{1}{4.00}\right)\text{L}^{-1}\right\}$$
$$= -4.877 \text{ L·bar} = -488 \text{ [J]} \quad \langle 答 \rangle$$

(3) 不可逆的膨張仕事：$w_{ir} = -\int_{V_1}^{V_2} P_{ex} dV = -P_{ex}(V_2 - V_1)$ ①

および

理想気体の状態方程式：$PV = nRT$ ②

を用いる。条件：$n = 1.00$ mol, $T_2 = 298$ K, $R = 0.082$ L·atm/(K·mol), $P_{ex} = 1.0$ atm を②に代入し

$$V_2 = \frac{nRT_2}{P_{ex}} = 24.4 \text{ [L]} \quad ③$$

③を①に代入すると

$$w_{ir} = -P_{ex}(V_2 - V_1)$$
$$= -(1.0 \times 1.013 \times 10^2 \text{ N/m}^2) \times (24.4 \times 10^{-3} \text{ m}^3 - 5.0 \times 10^{-3} \text{ m}^3)$$
$$= -(1.013 \times 10^2)(19.4 \times 10^{-3}) = -1.97 \text{ [J]} \quad \langle 答 \rangle$$

〔注〕系になされた仕事を正としているから、系が外界に行った仕事は負となる。

【演習 2】 (1), (2) は不可逆仕事 w_{ir} であるから本文の式で計算する。膨張は何段階かで行われるが、任意の 1 段階だけを考え、始めの状態を 1, 終わりの状態を 2 とすると、任意の 1 段階での容積変化 ΔV は下式となる。

演 習 問 題 解 答   *139*

$$\Delta V = V_2 - V_1 = \frac{RT}{P_2} - \frac{RT}{P_1} = \frac{RT(P_1 - P_2)}{P_1 P_2} = \frac{RT\Delta P}{P_1 P_2} \qquad ①$$

また,任意の1段階で,系の終わりの圧力 P_2 と一定外圧 P_{ex} とは数値的に同一であることより,1段階での仕事 w_{ir} は本文の式より下式となる。

$$w_{ir} = -P_{ex}\Delta V = \frac{-P_2 RT\Delta P}{P_1 P_2} = \frac{-RT\Delta P}{P_1} \qquad ②$$

段階の数 n だけ加えると膨張に必要な仕事は下式により求められる。

$$w = \sum_{j=1}^{n} w_j = RT \sum_{j=1}^{n} \left(\frac{\Delta P}{P}\right)_j \qquad ③$$

題意の数値を用いると,(1),(2)について下記の結果を得る。

(1) $w_{ir} = -RT \dfrac{15-1}{15} = -0.93 RT$ 〈答〉

(2) $w_{ir} = -RT \left(\dfrac{15-10}{15} + \dfrac{10-5}{10} + \dfrac{5-1}{5}\right) = -1.6RT$ 〈答〉

(3) 可逆仕事 w_r であるから,本文の式および $PV=RT$ より,下記の結果を得る。

$$w_r = -\int_{V_1}^{V_2} P dV = -RT \int_{V_1}^{V_2} \frac{dV}{V} = -RT \ln \frac{V_2}{V_1} = -RT \ln \frac{P_1}{P_2}$$

$$= -2.303 RT \log \frac{15}{1} = -2.708 RT = -2.7 RT \quad 〈答〉$$

2.2.2項
【演習1】

(1) $\Delta U = -mgh = -18 \times 10^{-3} \times 9.8 \times 40 = -7.06$ 〔J/mol〕 ①

①のポテンシャルエネルギーがすべて熱に変わると,本文の式を参考に

$q = C_P \Delta T = 7.06 \quad \therefore \quad \Delta T = \dfrac{q}{C_P} = \dfrac{7.06}{80} = 0.088$ 〔K〕 〈答〉

(2) 題意より,(女性が得るポテンシャルエネルギー) $= mgh = (50\,\mathrm{kg}) \times (9.8\,\mathrm{m/s^2}) \times (4.0\,\mathrm{m}) = 1960$ 〔J〕。したがって,機械によってなされる仕事は -1960 J。上記と $w = -nRT$ より

$$n = \frac{1960\,\mathrm{J}}{8.314\,\mathrm{J/K} \times 398\,\mathrm{K}} = 0.59 \text{〔mol〕} \quad 〈答〉$$

2.2.3項
【演習1】 a:熱 b:内部エネルギー $c: dU = \delta q + \delta w$

ここで U, q, w は,それぞれ内部エネルギー,熱,仕事を表す。

2.2.4項
【演習1】 系が外界に対して行う仕事 w は,本文の式より

$$w = -P\Delta V = -(0.1013 \times 10^6) \times (1.673 - 0.001) \times 1 = -0.1694 \times 10^6 \text{〔J〕}$$

また，$q = 3.000 \times 10^6$ J であることより，熱力学第一法則より
$$\Delta U = q + w = 3.000 \times 10^6 - 0.1694 \times 10^6 = 2.831 \times 10^6 \text{ [J]} \quad \langle 答 \rangle$$
つぎに，本文の式より $\Delta H = \Delta U + P\Delta V$（定圧条件）となるので
$$\Delta H = \Delta U - w = q = 3.000 \times 10^6 \text{ [J]} \quad \langle 答 \rangle$$

【演習2】 エネルギーとエンタルピーの定義より
$$dH = dU + PdV + VdP = dq - PdV + PdV + VdP = dq + VdP$$
一定の体積では
$$dH_V = dq_V + VdP$$
となる。また，一定の体積の下では
$$dq_V = C_V dT \quad \text{および} \quad VdP = nRdT$$
であるので
$$dH = (C_V + nR)dT = C_P dT$$
となり，式①が導かれる。

2.2.5項

【演習1】 物質の体積 V が絶対温度 T と圧力 P の関数であるとは，数学的に
$$V = f(T, P) \qquad \text{②}$$
で表され，式②の T, P の全微分は
$$dV = \left(\frac{\partial V}{\partial T}\right)_P dT + \left(\frac{\partial V}{\partial P}\right)_T dP \qquad \text{③}$$
となる。式③を式①に代入すると
$$\delta w = -P\left(\frac{\partial V}{\partial T}\right)_P dT - P\left(\frac{\partial V}{\partial P}\right)_T dP \qquad \text{④}$$
となり，状態 $1(T_1, P_1)$ から状態 $2(T_2, P_2)$ までの仕事 $w_{1 \to 2}$ は
$$w_{1 \to 2} = -\int_{T_1}^{T_2} P\left(\frac{\partial V}{\partial T}\right)_P dT - \int_{P_1}^{P_2} P\left(\frac{\partial V}{\partial P}\right)_T dP \qquad \text{⑤}$$
となる。式⑤の被積分関数 $P\left(\frac{\partial V}{\partial T}\right)_P (= M(T, P))$ および $P\left(\frac{\partial V}{\partial P}\right)_T (= N(T, P))$ において
$$\frac{\partial M}{\partial P} = \frac{\partial}{\partial P}\left\{P\left(\frac{\partial V}{\partial T}\right)_P\right\}_T = \left(\frac{\partial V}{\partial T}\right)_P + P\frac{\partial^2 V}{\partial T \partial P}$$
$$\neq P\frac{\partial^2 V}{\partial P \partial T} = \frac{\partial}{\partial T}\left\{P\left(\frac{\partial V}{\partial P}\right)_T\right\}_P = \frac{\partial N}{\partial T} \qquad \text{⑥}$$
となり，本文の式の関係は不成立となるので，不完全微分である。 □

【演習2】
(1) $dw = -PdV$ である。ここで，$V = \dfrac{RT}{P}$ なので

$$dV = \left(\frac{\partial V}{\partial T}\right)_P dT + \left(\frac{\partial V}{\partial P}\right)_T dP = \frac{R}{P}dT - \frac{RT}{P^2}dP$$

となる。これらより

$$-dw = RdT - \frac{RT}{P}dP$$

この式の右辺は，オイラーの完全条件を満たさない。

$$\left(\frac{\partial R}{\partial P}\right)_T = 0, \quad \left\{\frac{\partial}{\partial T}\left(\frac{RT}{P}\right)\right\}_P = \frac{R}{P}$$

以上より，仕事の微分 dw は不完全である。

(2) $(T_b, P_b) \to (T_b, P_a) \to (T_a, P_a)$（ただし，$T_a > T_b$，$P_b > P_a$）の経路Iについて

$$w = \int_b^b RdT + \int_b^a RdT - \int_b^a \frac{RT}{P}dP - \int_a^a \frac{RT}{P}dP$$

$$= R(T_a - T_b) - RT_b \ln \frac{P_a}{P_b}$$

一方，$(T_b, P_b) \to (T_a, P_b) \to (T_a, P_a)$ の経路IIに関して積分することにより

$$-w = R(T_a - T_b) - RT_a \ln \frac{P_a}{P_b}$$

経路Iでは T_b で定温過程における仕事がなされるが，経路IIでは T_a で仕事がなされるのである。つまり，w は二つの経路で異なった値となる。

2.2.6 項

【演習1】 題意の段階を含むサイクルを考えると**解図 2.1** となる。

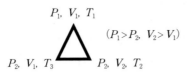

解図 2.1

ΔU(サイクル) = 0 であるから

q(サイクル) + w(サイクル) = 0

サイクルでの仕事は

$$w = C_V(T_2 - T_1) - P_2(V_1 - V_2) + 0 = C_V(T_2 - T_1) - nR(T_3 - T_2)$$

となる。ここで，P と V は定数である。

図を考慮すると，どの変数もそれぞれ異なる変化をしていることがわかる。したがって，変数の添字がつねに三つとも同じにそろうということは不可能

である。1サイクルで理想気体の得た熱は

$$q = 0 + C_P(T_3 - T_2) + C_V(T_1 - T_3)$$

となる。ここで，P と V は定数である。W と q を足すと

$$0 = C_P(T_3 - T_2) + C_V(T_2 - T_3) - nR(T_3 - T_2)$$

となり，温度の項を消去すると目的の関係式が得られる。 □

【演習2】

(a) 定温過程で膨張させた場合，本文の式と諸条件より

$$(w)_T = -nRT \ln \frac{P_1}{P_2} = -(2\,000)(8.314)(373)\ln\frac{1.0}{0.1} = -1.4 \times 10^7\,[\text{kJ/mol}]$$

〈答〉

(b) 断熱過程で膨張させた場合，膨張後の系の温度 T_2 は本文の式を参考に

$$\gamma = \frac{C_{P,m}}{C_{V,m}}\left(=\frac{29.3}{20.9}=1.40\right) と諸条件より，本文の式を参考に$$

$$\frac{T_2}{T_1} = \left(\frac{P_2}{P_1}\right)^{\frac{\gamma-1}{\gamma}} \to \frac{T_2}{373} = \left(\frac{0.1}{1.0}\right)^{\frac{1.4-1}{1.4}} = 0.1^{\frac{0.4}{1.4}} \to T_2 = 193.2\,\text{K}$$

これと本文の式より

$$(w)_A = C_{V,m}(T_2 - T_1) = -C_{V,m}(T_1 - T_2)$$
$$= -(20.9)(373 - 193.2) = -3.8 \times 10^3\,[\text{kJ/kmol}] \quad \langle 答 \rangle$$

〔補足〕 理想気体の断熱過程における状態 $1 \to 2$ の変化での ΔU および w は，$dU = C_{V,m}dT$ の直接積分より，下記のように求まる。

(1) $(\Delta U)_A = +(w)_A = C_{V,m}\int_2^1 dT = C_{V,m}(T_2 - T_1)$

(2) $\dfrac{C_{P,m}}{C_{V,m}} = \gamma$，$\dfrac{T_2}{T_1} = \dfrac{V_2^{\gamma-1}}{V_1}$，$\dfrac{T_2}{T_1} = \left(\dfrac{P_2}{P_1}\right)^{\frac{\gamma-1}{\gamma}}$

【演習3】 断熱過程より

$$dq = 0 \to dU = dw \qquad \text{①}$$

また，可逆の体積変化の仕事は $dw = -PdV$ となり，理想気体では $dU = C_{V,m}dT$ より，式①を考慮すると，$C_{V,m}dT = -PdV = -nRT\dfrac{dV}{V}$ ($\because P = \dfrac{nRT}{V}$)

$$\therefore \quad \frac{dT}{T} = -\frac{nR}{C_{V,m}}\frac{dV}{V} \qquad \text{②}$$

状態 $1 \to 2$ の変化とすると，式②は

$$\int_{T_1}^{T_2}\frac{dT}{T} = -\frac{nR}{C_{V,m}}\int_{V_1}^{V_2}\frac{dV}{V} \quad (\text{注：理想気体では } C_V は T に無関係な定数)$$

$$\to \ln\frac{T_2}{T_1} = -\frac{nR}{C_{V,m}}\ln\frac{V_2}{V_1}$$

$$\to \frac{T_2}{T_1} = \left(\frac{V_1}{V_2}\right)^{\frac{nR}{C_{V,m}}} = \frac{V_1^{\gamma-1}}{V_2}$$

(注：理想気体では $C_{P,m} - C_{V,m} = nR$, $\dfrac{nR}{C_{V,m}} = \dfrac{C_{P,m}}{C_{V,m}} - 1 = \gamma - 1$)

→ $T_1 V_1^{\gamma-1} = T_2 V_2^{\gamma-1}$ ③

理想気体では $\dfrac{T_2}{T_1} = \dfrac{P_2 V_2}{P_1 V_1}$ より，これと式③より

$\dfrac{P_2 V_2}{P_1 V_1} = \left(\dfrac{V_1}{V_2}\right)^{\gamma-1}$ → $\dfrac{P_2}{P_1} = \left(\dfrac{V_1}{V_2}\right)^{\gamma}$ → $P_1 V_1^{\gamma} = P_2 V_2^{\gamma}$

→ $P_2 = P_1 \left(\dfrac{V_1}{V_2}\right)^{\gamma}$ ④

式④に諸条件を代入すると

$P_2 = (1.0)\left(\dfrac{1}{2.5}\right)^{1.4} = (2.0)\left(\dfrac{1}{3.0}\right)^{1.4} \left(\because \gamma = \dfrac{C_{V,m}+R}{C_{V,m}} = 1.4\right) = 0.43$ 〔atm〕

〈答〉

式③と諸条件より，$T_2 = T_1 \left(\dfrac{V_1}{V_2}\right)^{\gamma-1} = 300\left(\dfrac{1}{3.0}\right)^{0.4} = 300 \times 0.644 = 1.9 \times 10^2$ 〔K〕

〈答〉

【演習4】
(A) (1)～(4)での命題はつぎのようになる。
(1) 定容過程では熱量 q は内部エネルギー変化 ΔU に等しい。
(2) 定圧過程では熱量 q はエンタルピー変化 ΔH に等しい。
(3) 理想気体を真空へ断熱膨張させたとき，温度 T は変化しない。
(4) 気体を真空へ断熱膨張させたとき，内部エネルギー変化は零である。
(B) 条件付きの各式（あるいは各命題）の証明はつぎのようになる。
(1) 熱力学第一法則より，$\delta q = dU - \delta w = dU + PdV$ ①
式①において $V=$ 一定より，$\delta q_V = dU$ → $q_V = \Delta U$
(2) $P=$ 一定のとき，式①は
$\delta q_P = dU + PdV + VdP = d(U+PV)(\because VdP=0) = dH(\because 式(2.30))$
→ $q_P = \Delta H$
(3) 断熱過程では $\delta q = 0$ より，熱力学第一法則は $dU = \delta q + \delta w = \delta w (= dw)$
…②。さらに，理想気体では，$dU = C_V dT = dw$ …③。
$dw = -P_{ex}dV$, $P_{ex} = 0$ より，$dw = 0$ …④ → $C_V dT = 0$ → $dT = 0$（または $T=$ 一定）$(\because C_V \neq 0)$
(4) (3)と同様に，断熱過程では，$dU = dw$ …②′，$dw = -P_{ex}dV = 0$ …③′
→ $dU = 0$（または $\Delta U = 0$）

【演習5】 (A) 本文図 2.8 のサイクル変化の一例の各過程を参考にする。

(1) 定温過程の理想気体では，本文の式より

$$(q)_T = -(w)_T = nRT \ln \frac{P_1}{P_2} = (2)(8.314)(343)(2.303) \ln \frac{1 \times 10^5}{2 \times 10^5}$$
$$= -3\,954 \text{ [J]} \quad \langle \text{答} \rangle$$

また，$(dU)_T = 0$ および $(dH)_T = 0$ より，$(\Delta U)_T = 0$ および $(\Delta H)_T = 0$
〈答〉

(2) 定圧過程の理想気体では，$(q)_P = (\Delta H)_P$ であり，かつ $C_{P,m}$ が既知なので本文の式より

$$(q)_P = (\Delta H)_P = n\int_{T_1}^{T_3} C_{P,m} dT = nC_{P,m}(T_3 - T_1) = n\left(\frac{5}{2}R\right)(T_3 - T_1)$$
$$= (2)\left\{\left(\frac{5}{2}\right)(8.314)\right\}(452.6 - 343) = 4\,556 \text{ [J]} \quad \langle \text{答} \rangle$$

$C_{V,m}$ が既知なので本文の式より

$$(\Delta U)_P = n\int_{T_1}^{T_3} C_{V,m} dT = nC_{V,m}(T_3 - T_1) = n\left(\frac{3}{2}R\right)(T_3 - T_1)$$
$$= (2)\left\{\left(\frac{3}{2}\right)(8.314)\right\}(452.6 - 343) = 2\,734 \text{ [J]} \quad \langle \text{答} \rangle$$

本文の式より

$$(w)_P = (\Delta U)_P - (q)_P = 2\,734 - 4\,556 = -1\,822 \text{ [J]} \quad \langle \text{答} \rangle$$

(3) 断熱過程の理想気体では，$(\delta q)_A = 0$ より，$(q)_A = 0$ 〈答〉
$+(w)_A = (\Delta U)_A$ であり，かつ(2)と同様に $C_{V,m}$ が既知なので本文の式より

$$+(w)_A = (\Delta U)_A = n\int_{T_3}^{T_1} C_{V,m} dT = nC_{V,m}(T_1 - T_3) = n\left(\frac{3}{2}R\right)(T_1 - T_3)$$
$$= (2)\left\{\left(\frac{3}{2}\right)(8.314)\right\}(343 - 452.6) = -2\,734 \text{ [J]} \quad \langle \text{答} \rangle$$

(2)と同様に，$C_{P,m}$ が既知なので本文の式より

$$(q)_P = (\Delta H)_P = n\int_{T_3}^{T_1} C_{P,m} dT = nC_{P,m}(T_1 - T_3) = n\left(\frac{5}{2}R\right)(T_1 - T_3)$$
$$= (2)\left\{\left(\frac{5}{2}\right)(8.314)\right\}(343 - 452.6) = -4\,556 \text{ [J]} \quad \langle \text{答} \rangle$$

(B) なお，(全サイクル)での $(q)_{\text{total}}$，$(w)_{\text{total}}$，ΔU_{total} および ΔH_{total} は，2.2.6項演習 4 の命題(1)〜(3)より

$$(q)_{\text{total}} = (-3\,954) + 4\,556 + 0 \quad = \quad 602 \text{ [J]},$$
$$(w)_{\text{total}} = 3\,954 + (-1\,804) + 2\,752 = -602 \quad 〃 \,,$$
$$\Delta U_{\text{total}} = 0 + 2\,752 + (-2\,752) \quad = \quad 0 \quad 〃 \,,$$
$$\Delta H_{\text{total}} = 0 + 4\,556 + (-4\,556) \quad = \quad 0 \quad 〃 \quad \langle \text{答} \rangle$$

2.2.7項

【演習1】 本文の式および理想気体より

$$dH = dU + d(PV) = dU + d(nRT) = dU + nR \cdot dT \quad ①$$

また，本文の式(2.61)，(2.64)（および理想気体）より

$$dU = C_V \cdot dT \quad \text{および} \quad dH = C_P \cdot dT \quad ②$$

したがって，①，②より

$$(C_P \cdot dT) = (C_V \cdot dT) + (nR \cdot dT) \;\to\; C_P = C_V + nR \;\to\; C_P - C_V = nR$$

□

〔別解〕

$$C_P - C_V = \beta V \left\{ P + \left(\frac{\partial U}{\partial V}\right)_T \right\}$$

↓ 理想気体におけるジュールの法則 $\left(\left(\frac{\partial U}{\partial V}\right)_T = 0\right)$

$$C_P - C_V = \beta V P$$

↓ β の定義式 $\left(\beta = \left(\frac{1}{V}\right)\left(\frac{\partial V}{\partial T}\right)_P\right)$

$$C_P - C_V = \left(\frac{\partial V}{\partial T}\right)_P P$$

↓ 理想気体の状態方程式 $PV = nRT$ より

$$\frac{V}{T} = \frac{nR}{P} \;\to\; \left(\frac{\partial V}{\partial T}\right)_P = \frac{nR}{P}$$

↓

$$C_P - C_V = \left(\frac{nR}{P}\right) P = nR \quad \square$$

【演習2】

(1) 本文の式 $C_V = \left(\dfrac{\partial q}{\partial T}\right)_V = \left(\dfrac{\partial U}{\partial T}\right)_V$ において，V一定の場合

$$C_V = \frac{dU}{dT} \;\to\; dU = C_V dT \quad ①$$

式①を積分すると式(a)が導かれる。 □

同様に，式(b)も本文の式 $C_P = \left(\dfrac{\partial H}{\partial T}\right)_P$ において，P一定の場合

$$C_P = \frac{dH}{dT} \;\to\; dH = C_P dT \quad ②$$

となり，式②を積分すると式(b)が導かれる。 □

(2) 定圧過程より $(q)_P = (\Delta H)_P$，理想気体より $C_P - C_V = nR \cdots (2.54)'\;\to\;$ $C_P = C_V + nR \cdots ③$。以上のことと，式(b)および $C_{V,m}$ より，式④となっ

て諸条件を代入すると

$$(q)_P = (\Delta H)_P = n\int_{T_1}^{T_2} C_{P,m} dT = nC_{P,m} dT = nC_{P,m}(T_2 - T_1) \qquad ④$$

$$= (1.0)(29.1)(93-293) = 2.91 \text{ [kJ]} \quad \langle 答 \rangle$$

式(a), $C_{V,m}$ および諸条件より

$$(\Delta U)_P = n\int_{T_1}^{T_2} C_{V,m} dT = nC_{V,m}(T_2 - T_1) \qquad ⑤$$

$$= (1.0)(20.8)(393-293) = 2.08 \text{ [kJ]} \quad \langle 答 \rangle$$

本文の式より

$$(w)_P = (\Delta U)_P - (q)_P = -0.83 \text{ [kJ]} \quad \langle 答 \rangle$$

【演習3】

(1) $qV = U_V = n\int_{300}^{336} C_V dT$

$$= 0.35\left(5.82T + 3.78 \times 10^{-2} T^2 - 6.00 \times 10^{-6} T^3\right)\Big|_{300}^{336} = 504 \text{ [J]} \quad \langle 答 \rangle$$

(2) この金属が失った熱は水が得た熱に等しいから,$1.050 C_M(75-25.14)$
$= 12.00(4.184)(25.14-25.00)$ となり,鉛の比熱はつぎのようになる。

$$C_M = 0.134 \text{ [J/(K·g)]} \quad \langle 答 \rangle$$

金属のモル質量 (207.2) を考慮すると,1 mol 当りの金属に対しての熱容量 $C_{M,m}$ はつぎのようになる。

$$C_{M,m} = 27.8 \text{ [J/(K·mol)]} \quad \langle 答 \rangle$$

2.2.8項

【演習1】 本文を参照。

【演習2】 本文を参照。

2.3.3項

【演習1】

(1) $e = 1 - \dfrac{T_l}{T_h} = 1 - \dfrac{373.15}{673.15} = 1 - 0.5543 = 0.446 \quad \langle 答 \rangle$

(2) 熱機関の効率 η は本文の式より求まるので,諸条件より

$$\eta = \frac{T_1 - T_2}{T_1} = \frac{443 - 343}{443} = 0.226 \rightarrow 22.6\% \quad \langle 答 \rangle$$

(3) 仕事の総和 W と高熱源より系に吸収される熱量 q_1 および系より低熱源へ放出される熱量 q_2 の関係は $-w = q_1 - q_2$。また,このときの温度と熱量の関係は $\dfrac{q_1}{T_1} = \dfrac{q_2}{T_2}$。これらと諸条件より

$$1200 = q_1 - q_2 \quad \text{および} \quad \frac{q_1}{443} = \frac{q_2}{343}$$

これらを解くと
   $100q_2 = 411\,600$ ∴ $q_2 = 4\,116$ kJ
   $q_1 = 5\,316$ kJ
したがって
   $q_1 = 5.32 \times 10^3$ 〔J〕, $q_2 = 4.12 \times 10^3$ 〔J〕 〈答〉

【演習2】 解図2.2に示す。

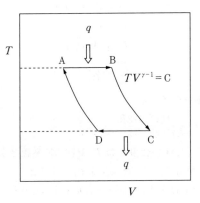

解図2.2

【演習3】
(1) 図2.13のP-V図を参照のこと。
(2) (a) カルノーサイクル
       $T_1 = T_2 > T_3 = T_4$ 〈答〉
   (b) オットーサイクル
       $T_1 > T_2 > T_3$ および $T_3 < T_4 < T_1$ 〈答〉
   (c) ディーゼルサイクル
       $T_1 < T_2 < T_3$ および $T_3 > T_4 > T_1$ 〈答〉
   図2.13を参照のこと。
(3) (a)および(b)の諸条件（図参照）を考慮して求める。
   (a) カルノーサイクル
       $$\eta = \frac{\text{仕事の総和}}{\text{系に吸収された熱}} = \frac{w}{q} \qquad ①$$
       ここで
       $w = q_1 - q_2$ $(\because\ 0 = U = (q_1 - q_2) + w)$ ②

$$q = q_1 \quad \text{③}$$

①, ②, ③ :
$$\eta = \frac{q_1 - q_2}{q_1} \quad \text{①'}$$

$$= 1 - \frac{q_2}{q_1}$$

$$= 1 - \frac{nRT_3 \ln(V_3/V_4)}{nRT_1 \ln(V_2/V_1)}$$

$$= 1 - \frac{T_3}{T_1} \frac{\ln(V_3/V_4)}{\ln(V_2/V_1)}$$

$$= 1 - \frac{T_3}{T_1} \quad \langle 答 \rangle$$

(b) オットーサイクル

$$\eta = \frac{\text{仕事の総和}}{\text{系に吸収された熱}} = \frac{w}{q} \quad \text{①}$$

ここで，正味の仕事 w は P-V 図の断熱線と定容線に囲まれた閉曲線の面積で，定容熱容量を C_V とすると

$$w = (ABV_1V_2 \text{の面積}) - (DCV_1V_2 \text{の面積})$$
$$= C_V(T_1 - T_2) - C_V(T_4 - T_3) \quad \text{②}$$

(注：(1) と同じに求めてもよい)

$$q = q_1 = C_V(T_1 - T_4) \quad \text{③}$$

①, ②, ③ :
$$\eta = \frac{q_1 - q_2}{q_1} \quad \text{①'}$$

$$= \frac{C_V(T_1 - T_2) - C_V(T_4 - T_3)}{C_V(T_1 - T_4)}$$

$$= \frac{(T_1 - T_2) - (T_4 - T_3)}{T_1 - T_4}$$

$$= \frac{T_1 - T_2 - T_4 + T_3}{T_1 - T_4}$$

$$= 1 - \frac{T_2 - T_3}{T_1 - T_4} \quad \langle 答 \rangle$$

(c) ディーゼルサイクル

$$\eta = \frac{\text{仕事の総和}}{\text{系に吸収された熱}} = \frac{w}{q} \quad \text{①}$$

ここで

$$w = q_1 - q_2 \quad (\because \ 0 = U = (q_1 - q_2) + w) \quad \text{②}$$

$$q = q_1 \quad \text{③}$$

①, ②, ③ : $\eta = \dfrac{q_1 - q_2}{q_1} = 1 - \dfrac{q_2}{q_1}$ 〈答〉

2.3.4項

【演習1】 本過程は圧力 P 一定の下で起こるので ΔH_v は出入りする熱量 q_r と一致し,さらに蒸発は吸熱反応(エネルギーは外部より入ってくること)より熱量 q_r は正の値となる。すなわち,$q_r = +395\,\text{J}$。また,本過程は定温可逆過程なので式①が成り立ち,$T = 80.1 + 273.1 = 353.2 \,[\text{K}]$。これらより,求めるエントロピー変化 ΔS は,次式のように求まる。

$$\Delta S = \dfrac{q_r}{T} = \dfrac{+395\,\text{J}}{353.2\,\text{K}} = +1.12\,[\text{J/K}] \quad 〈答〉$$

2.3.5項

【演習1】 エントロピーは,[(a) $dS = \dfrac{\delta q_r}{T}$] の式で定義される状態量であり,[$\delta q_r$] は可逆過程で交換される熱量である。また,エントロピーは [(b) 示量因子] であり,系の質量に比例した値をもつ。

可逆過程で系が1から2の状態に変化したとき,系のエントロピー変化は式(a)を積分した [(c) $\Delta S(系) = \int_1^2 dS = \int_1^2 \dfrac{\delta q_r}{T}$] の式で計算でき,正,負,0のいずれかである。さらに,可逆過程では系のエントロピー変化と外界のエントロピー変化の和はつねに [(d) 0] であるので,外界のエントロピー変化は系のエントロピー変化と同じ [(e) 大きさ] で符号が [(f) 反対] である。また,エントロピーは [(g) 状態量] であるから,系のエントロピー変化は系の始めと終わりの状態だけに関係し,変化の経路には [(h) 無関係] である。したがって,固定された始終状態について最も考えやすい [(i) 可逆] 過程を選び,上式の (c) で計算すればよい。

不可逆過程における系のエントロピー変化は,実際の過程が不可逆であっても不可逆過程の始めと終わりの状態を知って,この始終状態について適当な [(i) 可逆] 過程を考えて上式の (c) で計算すればよい。不可逆過程における系のエントロピー変化も正,負,0のいずれかである。不可逆過程では,系のエントロピー変化と外界のエントロピー変化の和は,つねに [(d) 0] より [(j) 大きく] なる。

2.3.6項

【演習1】

(1) 題意より,定容過程においては

$$\Delta S_V = \int \left(\dfrac{5.82}{T} + 7.55 \times 10^{-2} - 17.99 \times 10^{-6} T \right) dT$$

$$= 3.17\,[\text{J/(K·mol)}] \quad 〈答〉$$

また，定圧過程においては

$$\Delta S_P = \int \frac{C_P}{T} dT = \int \frac{C_V}{T} dT + \int \frac{nR}{T} dT$$

$$= 3.17 + R \ln \frac{336.15}{300.15} = 4.11 \ [\text{J/(K·mol)}] \quad \langle 答 \rangle$$

(2) 理想気体の定温変化より，$\Delta U = 0$。したがって，本文の式より

$$qr = -w_r = \int_{V_1}^{V_2} pdV = RT \ln \left(\frac{V_2}{V_1} \right)$$

以上より

$$\Delta S = \frac{q_r}{T} = R \ln \left(\frac{V_2}{V_1} \right)$$

$$= 8.314 \times (\ln 3) = 9.134 \ [\text{J/(K·mol)}] \quad \langle 答 \rangle$$

【演習2】題意より

$$n = \frac{PV}{RT} = \frac{(4.00 \text{ atm})(2.00 \text{ dm}^3)}{(0.082\ 05 \text{ dm}^3 \cdot \text{atm/(K·mol)})(300 \text{ K})}$$

$$= 0.325 \ [\text{mol}]$$

エントロピーは状態関数であり，その変化は経路によらないので，定温可逆過程で考えることができる。すなわち

$$\Delta S_T = (0.081\ 3 \text{ mol})(8.314 \text{ J/(K·mol)}) \left(\ln \frac{3.00}{2.00} \right) = 0.274 \ [\text{J/K}]$$

∴ $0.27 \ [\text{J/K}] \quad \langle 答 \rangle$

【演習3】

(1) 本文の式より

$$\Delta S_P = \int_{T_1}^{T_2} \frac{C_{P,m}}{T} dT = \int_{T_1}^{T_2} \frac{1}{T} (a + bT + cT^2) dT$$

$$= \left[a \ln T + bT + \frac{c}{2} T^2 \right]_{T_1}^{T_2}$$

$$= a \ln \left(\frac{T_2}{T_1} \right) + b(T_2 - T_1) + \frac{c}{2} (T_2^2 - T_1^2) \quad \langle 答 \rangle$$

(2) 題意より

$$\Delta S_P = \int_{300}^{1\ 000} \frac{C_{P,m}}{T} dT$$

$$= 16.9 \int_{300}^{1\ 000} \frac{dT}{T} + 4.77 \times 10^{-3} \int_{300}^{1\ 000} dT - 8.54 \times 10^5 \int_{300}^{1\ 000} T^{-3} dT$$

$$= 16.9 \left\{ \ln \left(\frac{1\ 000}{300} \right) \right\} + 4.77 \times 10^{-3} (1\ 000 - 300) + 0.5 \times 8.54$$

$\times 10^5 \{(1\,000)^{-2} - (300)^{-2}\}$

$= 20.347 + 3.339 - 4.317 = 19.37 \,[\text{J/(K·mol)}]$ 〈答〉

【演習 4】

(1) 可逆過程において

$$\Delta S = \int_1^2 dS = \int_1^2 \frac{dq_r}{T} \tag{①}$$

理想気体の定温変化では，$dU = dq + dw = 0 \rightarrow dq = -dw$。さらに，可逆過程では

$$dq_r = -dw_r = PdV \tag{②}$$

理想気体では

$$PdV = \frac{nRTdV}{V} \quad (\because \ P = \frac{nRT}{V}) \tag{③}$$

式①〜③より

$$\Delta S = nR \int_{V_1}^{V_2} \frac{dV}{V} = nR \ln\left(\frac{V_2}{V_1}\right) \tag{④}$$

式④に諸条件を代入すると

$$\Delta S = 53 \,[\text{J/K}] \,\,\langle答\rangle \tag{⑤}$$

また

$$dS_{\text{SURR}} = \frac{dU_{\text{SURR}}}{T_{\text{SURR}}} = \frac{-dq_r}{T} = -dS \quad (\because \ dU_{\text{SURR}} = -dq_r,\ T_{\text{SURR}} = T)$$

$$\therefore \ \Delta S_{\text{SURR}} = -\Delta S = -53 \,[\text{J/K}] \,\,\langle答\rangle \tag{⑥}$$

したがって，式⑤，⑥より

$$\Delta S_{\text{UNIV}} = \Delta S + \Delta S_{\text{SURR}} = 0 \,[\text{J/K}] \,\,\langle答\rangle$$

なお，最初の状態を 1，最後の状態を 2 とした。

(2) 最初の状態 (1) と最後の状態 (2) が可逆膨張の場合と同じであれば，不可逆過程での系の $\Delta S'$ は可逆膨張の場合の ΔS（$= 53$ J/K）に等しい。したがって

$$\Delta S' = \Delta S = 53 \,[\text{J/K}] \,\,\langle答\rangle \tag{⑦}$$

また，理想気体の定温過程では $\Delta U = 0$ より $q = -w$。一方，$\Delta U_{\text{SURR}} = -q$ より

$$\Delta U_{\text{SURR}} = w = \int_1^2 dw = \int_1^2 P_{ex} dV = P_{ex}(V_2 - V_1) \tag{⑧}$$

$(\because \ P_{ex}:$ 外圧，不可逆体積変化$)$

式⑧と諸条件より

$$\Delta U_{\text{SURR}} = -4.6 \times 10^3 \,[\text{J}] \tag{⑨}$$

したがって

$$\Delta S'_{SURR} = \frac{U_{SURR}}{T} = -15 \ [\text{J/K}] \quad (\because \ T = 300 \ \text{K}) \ \langle\text{答}\rangle \quad ⑩$$

さらに

$$\Delta S'_{UNIV} = \Delta S' + \Delta S'_{SURR} = 83 - 15 = 68 \ [\text{J/K}] \ \langle\text{答}\rangle$$

【演習 5】

$$dS = \frac{dq_r}{T} \qquad ①$$

可逆過程では

$$dU = dq_r + dw_r \qquad ②$$

この気体は理想気体とみなせる → 理想気体では

$$dU = C_V dT, \qquad dw_r = -PdV \qquad ③$$

以上のことより

②, ③ : $dq_r = dU - dw_r = C_V dT + PdV$ ④

①, ④ : $dS = \dfrac{C_V}{T}dT + \dfrac{P}{T}dV = \dfrac{C_V}{T}dT + nRd(\ln V) \quad \left(\because \ \dfrac{P}{T} = \dfrac{nR}{V}\right)$

⑤

このときの状態1〜2への変化でのエントロピー変化 ΔS は, ⑤より

$$\Delta S = C_V \ln\left(\frac{T_2}{T_1}\right) + nR \ln\left(\frac{V_2}{V_1}\right) \qquad ⑥$$

また

$$\frac{V_2}{V_1} = \frac{nRT_2/P_2}{nRT_1/P_1} = \frac{T_2 P_1}{T_1 P_2}, \qquad C_V + R = C_P \qquad ⑦, ⑧$$

したがって, 式⑥〜⑧と諸条件より

$$\Delta S = \left\{C_V \ln\left(\frac{T_2}{T_1}\right) + nR \ln\left(\frac{T_2}{T_1}\right)\right\} + nR \ln\left(\frac{P_1}{P_2}\right) = C_P \ln\left(\frac{T_2}{T_1}\right) + nR \ln\left(\frac{P_1}{P_2}\right)$$

$$= 7.07 + 38.29 = 45.36 \ [\text{J/K}] \ \langle\text{答}\rangle$$

【演習 6】 断熱可逆過程より $dq_r = 0$, したがって

$$\Delta S = \int_1^2 dS = \int_1^2 \frac{dq_r}{T} = 0 \ \langle\text{答}\rangle \qquad ①$$

また, 断熱過程では系と周囲の間での熱の出入りはないので $q_{SURR} = 0$, $\Delta U_{SURR} = 0$。したがって

$$\Delta S_{SURR} = \frac{q_{SURR}}{T} = \frac{U_{SURR}}{T} = 0 \ \langle\text{答}\rangle \qquad ②$$

さらに, ①, ②より

$$\Delta S_{UNIV} = \Delta S + \Delta S_{SURR} = 0 \ \langle\text{答}\rangle \qquad ③$$

別解として，本文の式を用いても解ける．各自，検討せよ．

【演習7】 混合過程のエントロピー変化は，2成分系では本文の式で表され，3成分系に拡張した場合は，3成分を A, B および C とすると

$$\Delta S_{\text{TOTAL}}' = \frac{S_{\text{TOTAL}}}{n_A + n_B + n_C} = -R(y_A \ln y_A + y_B \ln y_B + y_C \ln y_C) \quad \text{①}$$

となる．これより，混合気体のモル数，モル分率 y は**解表2.1**のようになり，諸条件（0℃，1 atm）を考慮すると，1 mol の混合エントロピー変化である $\Delta S_{\text{TOTAL}}'$ は

$$\Delta S_{\text{TOTAL}}' = -(8.314) \times (0.656 \times \ln 0.656 + 0.164 \times \ln 0.164 + 0.180 \times \ln 0.180)$$
$$= -(8.314) \times (-0.277 - 0.296 - 0.309)$$
$$= 7.33 \ [\text{J/(mol·K)}]$$

となり，この場合のエントロピー変化 ΔS は，全モル数 0.544 mol を考慮すると

$$\Delta S = 7.33 \times 0.544 = 3.99 \quad \rightarrow \quad 4.0 \ [\text{J/K}] \quad \langle 答 \rangle$$

解表2.1

成分	N_2	O_2	CO_2	計
体積 [L]	8.0	2.0	2.2	
分子量	28	32	44	
1 mol 体積	22.4			
モル数	0.357	0.089	0.098	0.544
モル分率 (y)	0.656	0.164	0.180	1.000

【演習8】 混合後の水温を t [℃] とすると本文の式より

$$10(t-0) = 4(100-t) \quad \rightarrow \quad t = 28.6\ ℃ \quad \text{①}$$

全エントロピー変化 ΔS(全系) は以下の (a) と (b) の和となる．
(a) 0℃の水が 28.6℃になるときのエントロピー変化 ΔS_a
(b) 100℃の水が 28.6℃になるときのエントロピー変化 ΔS_b
ΔS_a および ΔS_b は，本文の式を応用して求められるので

$$\Delta S_a = nC_P \ln\left(\frac{T}{T_1}\right) = (10)(34) \ln\left(\frac{273 + 28.6}{273 + 0}\right) = 33.9 \ [\text{J/K}]$$

$$\Delta S_b = nC_P \ln\left(\frac{T}{T_2}\right) = (4)(34) \ln\left(\frac{273 + 28.6}{273 + 100}\right) = -28.9 \ [\text{J/K}]$$

となる（∵ 本文の式は高温物体および低温物体が等量の場合での熱移動で，等量でない場合の熱移動は上式となる）．したがって

ΔS(全系)＝$\Delta S_a + \Delta S_b = 33.9 + (-28.9) = 5.0$ 〔J/K〕(＞0) 〈答〉

【演習 9】 つぎの a)～c)のように三つの段階に分けて計算する。

a) 本文の式および諸条件より，融解エントロピー ΔS_m は

$$\Delta S_m = \frac{\Delta H_m}{T_m} = \frac{6\,010}{273.15} = 22.0 \text{〔J/(mol·K)〕} \qquad ①$$

b) 水の加熱 (0～100℃) によるエントロピー変化 ΔS は，本文の式より

$$\Delta S = \int_{T_1}^{T_2} \frac{C_P dT}{T} = \int_{273.15}^{373.15} \frac{C_P dT}{T} = 75.2 \times \ln\frac{373.15}{273.15}$$
$$= 23.4 \text{〔J/(mol·K)〕} \qquad ②$$

c) a)と同様に本文の式および諸条件より，蒸発エントロピー ΔS_v は

$$\Delta S_v = \frac{H_V}{T_V} = \frac{40\,670}{373.15} = 109.0 \text{〔J/(mol·K)〕} \qquad ③$$

したがって，求めるエントロピー変化 ΔS は

$\Delta S = ① + ② + ③ = 154.4$ 〔J/(mol·K)〕 〈答〉

【演習 10】

(1) (a) 本文の関係する式より

$$\Delta S = -\frac{6\,008}{273.15} = -21.995 \fallingdotseq -22.00 \text{〔J/K〕} \quad 〈答〉$$

(熱を放出している)

(b) つぎに，外界の温度が 0℃ であれば，$\Delta S_{\text{SURR}} = 22.00$ J/K。外界の温度が 0℃ 以下であれば，**熱の移動に伴ってエントロピーが生成するので**，$\Delta S_{\text{SURR}} > 22.00$ J/K。

(2) (a) 題意より，エントロピーは状態量なので，**解図 2.3** に示すように「水 (263.15 K) → ΔS →氷 (263.15 K)」の過程（点線の矢印）を「水 (263.15 K) → $\Delta S(1)$ →水 (273.15 K) → $\Delta S(2)$ →氷 (273.15 K) → $\Delta S(3)$ →氷 (263.15 K)」の過程（実線の矢印）に分割して考える。これより，解図 2.3 の「状態の変化図」が得られる。なお点線で示したものが (1) の状態変化であり，実線が (2) の状態変化である。

(b) (a)の状態変化図を基に $\Delta S(1)$，$\Delta S(2)$ および $\Delta S(3)$ をそれぞれ計算して

$$\Delta S = \Delta S(1) + \Delta S(2) + \Delta S(3) \qquad ①$$

を求める。本文の関係式を参考に，式①に諸条件を代入して計算すると

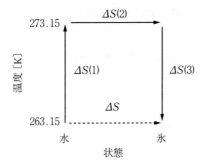

解図 2.3

$$\Delta S = \Delta S(1) + \Delta S(2) + \Delta S(3)$$
$$= C_{P,m}(水)(=75.36) \times \ln\left(\frac{273.15}{263.15}\right) - 22.00((1)の答)$$
$$+ C_{P,m}(氷)(=37.62)\ln\left(\frac{263.15}{273.15}\right)$$
$$= -20.592 \fallingdotseq -20.59 \ [\mathrm{J/K}] \quad \langle答\rangle$$

(c) つぎに,263.15 K(−10℃)における融解熱は
$$\Delta H_{263.15} = -6\,008 + (75.36 - 37.62) \times 10 = -5\,630.6 \ [\mathrm{J/mol}]$$
となるので,263.15 K(−10℃)で 1.000 mol の水が直接氷になったときに外界が受け取るエントロピー ΔS_{SURR} は
$$\Delta S_{\mathrm{SURR}} = \left(\frac{5\,630.6}{263.15}\right) = 21.396 \fallingdotseq +21.40 \ [\mathrm{J/K}]$$
これより,$\Delta S_{\mathrm{SURR}}(=+21.40) > \Delta S(=-19.23)$ となり,不可逆変化であることがわかる。

2.3.7項
【演習1】

(1) 塩化水素の状態変化は,1)固体(I),2)相転移(相転移温度 T_t:98.36 K),3)固体(II),4)融点(融点 T_m:158.91 K),5)液体,6)沸点(沸点 T_v:188.07 K),7)気体,の順に変化するので,1)〜7)における算出方法はつぎのようになる

1) $\int_0^{98.36} C_{P,m} d(\ln T) = 30.8 \ [\mathrm{J/(K \cdot mol)}]$

2) 相転移温度 T_t:98.36 K における相転移のエンタルピー ΔH_t は 1 190 J/mol。これより,エントロピーが得られる。

3) $\int_{98.36}^{158.91} C_{P,m} d(\ln T) = 21.1 \ [\mathrm{J/(K \cdot mol)}]$

4) 融点 T_m：158.91 K における融解のエンタルピー ΔH_m は 1 992 J/mol。これより，エントロピーが得られる。

5) $\int_{158.91}^{188.07} C_{P,m} d(\ln T) = 9.9$ 〔J/(K·mol)〕

6) 沸点 T_v：188.07 K における蒸発のエンタルピー ΔH_v は 16 150 J/mol。これより，エントロピーが得られる。

7) $\int_{188.07}^{298.15} C_{P,m} d(\ln T) = 13.5$ 〔J/(K·mol)〕

(2) (1) を参考に諸条件より

$$S_m^o(298) = S_m(0) + \int_0^{98.36} C_{P,m} d(\ln T) + \frac{\Delta H_t}{T_t} + \int_{98.36}^{158.91} C_{P,m} d(\ln T)$$

$$+ \frac{\Delta H_m}{T_m} + \int_{158.91}^{188.07} C_{P,m} d(\ln T) + \frac{\Delta H_v}{T_v} + \int_{188.07}^{298.15} C_{P,m} d(\ln T)$$

$$= 0 + 30.8 + \frac{1190}{98.36} + 21.1 + \frac{1992}{158.91} + 9.9 + \frac{16150}{188.07} + 13.5$$

$(\because \ S_m^o(0) = 0)$

$= 185.9$ 〔J/(K·mol)〕 〈答〉

2.4.2項

【演習 1】

不可逆過程に対する条件は

$\qquad dS > \dfrac{dq}{T}$ 　　（クラジウスの不等式） ③

可逆過程に対する条件は

$\qquad dS = \dfrac{dq_r}{T}$ ④

③，④より

$\qquad TdS \geqq dq$ 　　（等号は $dq = dq_r$ のとき） ⑤

式⑤に内部エネルギーの定義式（$dU = dq + dw$）を代入すると

$\qquad TdS \geqq dU - dw$ 　　（等号は $dw = dw_r$ のとき） ⑥

T 一定のとき，$d(TS) = T(dS)$ より，これを式⑥に代入すると

$\qquad (TS) - dU \geqq - dw$ ⑦

「式⑦の左辺」$= -dA$ となるので

$\qquad \therefore \ -dA \geqq -dw$ 　　（等号は $dw = dw_r$ のとき） ⑧

系が外界へする仕事（正の値とする）は $-dw$ であり，その最大値は式⑧より $-dA$ に等しくなる。すなわち，$-dA = -dw_{\max}$ となる。また，式⑧より $-dA = -dw_r$ となるので

$\qquad dA = dw_r = dw_{\max}$ ⑨

つぎに，G は

$$dG = d(H-TS) = dH - d(TS) = dH - TdS \quad (\because \ T\text{一定})$$
$$= dU + d(PV) - TdS \qquad\qquad ⑩$$

のように表され，可逆過程で式⑩は

$$dG = (dq_r + dw_r) + (PdV + VdP) - TdS \quad (\because \ dS = \frac{dq_r}{T})$$
$$= dw_r + (PdV + VdP)$$
$$= (-PdV + dw_{\text{ex-max}}) + PdV \quad (\because \ P\text{一定}, \ dw_r = -PdV + dw_{\text{ex-max}})$$
$$= dw_{\text{ex-max}} \qquad\qquad ⑪$$

以上より，$dA = dw_{\max}$ および $dG = dw_{\text{ex-max}}$ となるので

$$w_{\max} = \Delta A = \Delta(G - PV) \quad (\because \ A = U - TS, \ G = H - TS, \ H = U + PV)$$
$$= \Delta G - \Delta(PV) \ \langle\text{答}\rangle \qquad\qquad ⑫$$

および

$$w_{\text{ex-max}} = \Delta G \ \langle\text{答}\rangle \qquad\qquad ⑬$$

となる。

2.4.3 項

【演習 1】

$$\left(\frac{\partial P}{\partial T}\right)_V = \left\{\frac{\partial}{\partial T}\left(\frac{RT}{V}\right)\right\}_V = \frac{R}{V}$$

$$\left(\frac{\partial T}{\partial V}\right)_P = \left\{\frac{\partial}{\partial V}\left(\frac{PV}{R}\right)\right\}_P = \frac{P}{R}$$

$$\left(\frac{\partial V}{\partial P}\right)_T = \left\{\frac{\partial}{\partial P}\left(\frac{RT}{P}\right)\right\}_T = \frac{RT}{P^2}$$

$$\left(\frac{\partial P}{\partial T}\right)_V \left(\frac{\partial T}{\partial V}\right)_P \left(\frac{\partial V}{\partial P}\right)_T = \left(\frac{R}{V}\right)\left(\frac{P}{R}\right)\left(-\frac{RT}{P^2}\right) = -\frac{RT}{PV} = -1 \qquad □$$

【演習 2】

$$dA = d(U - TS) = dU - d(TS)$$
$$= (dq_r + dw_r) - d(TS) \quad (\because \ U \text{の定義式})$$
$$= (TdS - PdV) - TdS - SdT \quad (\because \ dS = \frac{dq_r}{T}, \ dw_r = -PdV)$$
$$= -SdT - PdV \qquad\qquad ①\square$$

$$dG = d(H - TS) = dH - dH - d(TS)$$
$$= dU + d(PV) - (TS) \quad (\because \ H \text{の定義式})$$
$$= (TdS - PdV) + (PdV + VdP) - (TdS + SdT)$$
$$\qquad\qquad (\because \ \text{式①導入での条件})$$
$$= -SdT + VdP \qquad\qquad ②\square$$

【演習3】 マクスウェルの関係式

第一式：$\left(\dfrac{\partial T}{\partial V}\right)_S = -\left(\dfrac{\partial P}{\partial S}\right)_V \cdots$ ①, 第二式：$\left(\dfrac{\partial T}{\partial P}\right)_S = \left(\dfrac{\partial V}{\partial S}\right)_P \cdots$ ②

において，まず，第一式の右辺より

$$-\left(\dfrac{\partial P}{\partial S}\right)_V = -\dfrac{\partial(P,V)}{\partial(S,V)} = \left\{\dfrac{\partial(P,V)}{\partial(P,S)}\right\}\left\{\dfrac{\partial(S,P)}{\partial(S,V)}\right\} = \left(\dfrac{\partial V}{\partial S}\right)_P\left(\dfrac{\partial P}{\partial S}\right)_S \quad ③$$

①，③より，$\left(\dfrac{\partial T}{\partial V}\right)_S = -\left(\dfrac{\partial P}{\partial S}\right)_V = \left(\dfrac{\partial V}{\partial S}\right)_P\left(\dfrac{\partial P}{\partial S}\right)_S$

$$\left(\dfrac{\partial V}{\partial S}\right)_P = \dfrac{\left(\dfrac{\partial T}{\partial V}\right)_S}{\left(\dfrac{\partial P}{\partial V}\right)_S} = \left\{\dfrac{\partial(T,S)}{\partial(V,S)}\right\}\left\{\dfrac{\partial(V,S)}{\partial(P,S)}\right\} = \left\{\dfrac{\partial(T,S)}{\partial(P,S)}\right\} = \left(\dfrac{\partial T}{\partial P}\right)_S \quad □$$

【演習4】 マクスウェルの関係式

$$\left(\dfrac{\partial S}{\partial V}\right)_T = \left(\dfrac{\partial P}{\partial T}\right)_V \cdots ① \quad \text{または} \quad \left(\dfrac{\partial S}{\partial P}\right)_T = -\left(\dfrac{\partial V}{\partial T}\right)_P \cdots ②$$

を用いる。条件より温度 T が固定されているので

$$\left(\dfrac{\partial S}{\partial P}\right)_T = \dfrac{dS_T}{dP} \tag{③}$$

式③と式②より $\dfrac{dS_T}{dP} = -\left(\dfrac{\partial V}{\partial T}\right)_P$，したがって

$$\Delta S_T = -\int\left(\dfrac{\partial V}{\partial T}\right)_P dP = -\int \alpha V dP \quad (\alpha：熱膨張係数) \quad \langle\text{答}\rangle$$

2.4.4項

【演習1】

(1) G の定温可逆圧縮変化は本文の式より

$$\left(\dfrac{\partial G}{\partial P}\right)_T = V \tag{①}$$

となり，定温変化（T：一定）および理想気体の条件を考慮すると

$$dG = VdP = \dfrac{nRTdP}{P} \tag{②}$$

式②の状態1〜2の変化において G は

$$G_2 - G_1 = \int_{P_1}^{P_2}\dfrac{nRT}{P}dP = nRT\int_{P_1}^{P_2}\dfrac{dP}{P} = nRT\ln\left(\dfrac{P_2}{P_1}\right)(=\Delta G) \tag{③}$$

式②に諸条件を代入すると

$$\Delta G = 2.0 \times 8.31 \times 298 \times \ln\left(\dfrac{100}{1}\right) = 22\,808\,[\text{J}]$$

∴ 2.3×10^4 J（あるいは 23 kJ） 〈答〉

(2) A の定義式より $\Delta A = \Delta U - \Delta(TS)$
ここで，状態 1〜2 の変化において ΔU は
$$\Delta U = n\int_{T_1}^{T_2} C_{V,m} dT = nC_{V,m}(T_2 - T_1) \qquad ④$$
となり，式④に諸条件を代入すると
$$\Delta U = 3.0 \times 12.5 \times (350 - 298) = 1\,950 \text{ (J)}$$
$$\therefore \quad \Delta U = 1.95 \text{ kJ} \qquad ⑤$$
また，状態 1〜2 の変化において $\Delta(TS)$ も
$$\Delta(TS) = T_2 S_2 - T_1 S_1 = T_2(S_1 + \Delta S) - T_1 S_1 \qquad ⑥$$
となり，定容温度変化において ΔS は
$$\Delta S = nC_{V,m} \ln\left(\frac{T_2}{T_1}\right) \qquad ⑦$$
より，式⑦に諸条件を代入すると
$$\Delta S = 3.0 \times 12.5 \times \ln\left(\frac{350}{298}\right) = 6.75 \text{ (J/K)} \qquad ⑧$$
また，初期条件より
$$S_1 = S_{298} = 150 \text{ (J/(K·mol))} \qquad ⑨$$
よって，上記より
$$\Delta(TS) = T_2(S_1 + \Delta S) - T_1 S_1$$
$$= 350 \times (150 + 6.75) - 298 \times 150 = 10\,162.5 \text{ (J)}$$
$$\therefore \quad \Delta(TS) = 10.16 \text{ kJ} \qquad ⑩$$
⑤，⑩より $\Delta A = -8.21$ (kJ) 〈答〉
つぎに，G の定義式より $\Delta G = \Delta H - \Delta(TS)$，またここで，状態 1〜2 の変化において ΔH は
$$\Delta H = n\int_{T_1}^{T_2} C_{P,m} dT = nC_{P,m}(T_2 - T_1) = n(C_{V,m} + R)(T_2 - T_1) \qquad ⑪$$
$$(\because \quad C_{P,m} = C_{V,m} + R)$$
となり，式⑪に諸条件を代入すると
$$\Delta H = 3.0 \times (12.5 + 8.3) \times (350 - 298) = 3\,244 \text{ (J)}$$
$$\therefore \quad \Delta H = 3.24 \text{ kJ} \qquad ⑫$$
よって，⑩，⑫より
$$\Delta G = 3.24 - 9.91 = -6.67 \text{ (kJ)} \quad 〈答〉$$

【演習 2】

(a) 定温定圧変化について本文の式より

$$(dG)_{T,P} = dU - TdS + PdV = dH - TdS \quad (\because H \text{の定義式}) \quad ①$$

となる。ここで $\Delta H = \Delta H_l^q$, $\Delta S = \dfrac{q_P}{T} = \dfrac{\Delta H_l^q}{T}$ および式①より

$$\Delta G = \Delta H - T\Delta S = 0 \quad \langle 答 \rangle$$

〔注〕 定温定圧の可逆過程に対して, $\Delta G = 0$ である。

(b) 本文の式より, 状態 1〜2 の変化において G は

$$\Delta G = \int_{P_1}^{P_2} \frac{nRT}{P} dP = nRT \int_{P_1}^{P_2} \frac{dP}{P} = nRT \ln\left(\frac{P_2}{P_1}\right) \quad ②$$

となり, これに諸条件を代入すると

$$\Delta G = 5 \times 8.314 \times (273 + 25) \times \ln\left(\frac{20}{1}\right) = 37110 \; [\text{J}]$$

$$\therefore \; \Delta G = 37 \; [\text{kJ}] \quad \langle 答 \rangle$$

【演習 3】 ギブスの自由エネルギー G の定義式

$$G = H - TS \quad ①$$

を変形すると

$$-S = \frac{G}{T} - \frac{H}{T} \quad ①'$$

本文の式 $dG = -SdT + VdP$ の定圧条件 (P：一定) では

$$\left(\frac{\partial G}{\partial T}\right)_P = -S \quad ③$$

式①′, ③より

$$\left(\frac{\partial G}{\partial T}\right)_P - \frac{G}{T} = -\frac{H}{T}$$

$$\therefore \; \frac{1}{T}\left(\frac{\partial G}{\partial T}\right)_P - \frac{G}{T^2} = -\frac{H}{T^2} \quad ④$$

ここで, 微分条件を考慮すると

$$\text{「式④の左辺」} = \left\{\frac{\partial}{\partial T}\left(\frac{G}{T}\right)\right\}_P \quad \left(= \frac{1}{T}\left(\frac{\partial G}{\partial T}\right)_P - \frac{G}{T^2}\right)$$

となるので

$$\left\{\frac{\partial}{\partial T}\left(\frac{G}{T}\right)\right\}_P = -\frac{H}{T^2} \quad ②'$$

とギブス・ヘルムホルツの式が導かれる。

〔注〕 $\left\{\dfrac{\partial}{\partial T}\left(\dfrac{G}{T}\right)\right\}_P = -\dfrac{H}{T^2} =$ (P：一定) $\rightarrow$ $\dfrac{d(G/T)}{dT} = -\dfrac{H}{T^2}$

$$\therefore \; d\left(\frac{G}{T}\right) = \frac{-HdT}{T^2} = Hd\left(\frac{1}{T}\right)$$

3 章

3.1.2 項

【演習 1】 3.1.2 項に詳述しているので省略する。

3.1.3 項

【演習 1】

(1) 最大確率速度となるとき，$f(v)$ が最大（極大）となるので

$$\frac{\partial f(v)}{\partial v} = 0$$

となるときの v を求めればよい（速度分布を考えたとき，極小となることはないので，上記の条件だけで十分である）。そこで，$f(v)$ を微分すると

$$\frac{\partial f(v)}{\partial v} = 4\pi \left(\frac{M}{2\pi RT}\right)^{3/2} 2v \exp\left(-\frac{Mv^2}{2RT}\right)$$

$$+ 4\pi \left(\frac{M}{2\pi RT}\right)^{3/2} v^2 \left(-\frac{Mv}{RT}\right) \exp\left(-\frac{Mv^2}{2RT}\right) = 0$$

となる。整理すると

$$2v_{\max} + v_{\max}^2 \left(-\frac{Mv}{RT}\right) = 0$$

の関係が得られるので，$v_{\max}$ が 0 でないことを考慮すると

$$v_{\max} = \sqrt{\frac{2RT}{M}} \quad \langle 答 \rangle$$

であることがわかる。

(2) $f(v)$ に $v_{\max}$ を代入すると，次式が得られる。

$$f(v_{\max}) = 4\pi \left(\frac{M}{2\pi RT}\right)^{3/2} \frac{2RT}{M} \exp\left(-\frac{M}{2RT}\frac{2RT}{M}\right) = 4\left(\frac{M}{2\pi RT}\right)^{1/2} e^{-1} \quad \langle 答 \rangle$$

(3) 分子が，ある範囲の速度（$v_a \sim v_b$）をもつ確率 P は

$$P = \int_{v_a}^{v_b} f(v) dv$$

により計算できる。しかし，速度範囲が狭い場合は $\Delta v = v_b - v_a$ を用いて

$$P \fallingdotseq f(v) \Delta v$$

と近似できる。したがって，$v_{\max}$ から $\pm 1 \text{ ms}^{-1}$（$\Delta v = 2$）に入る確率を計算する式は

$$P \fallingdotseq 8 \left(\frac{M}{2\pi RT}\right)^{1/2} e^{-1}$$

となる。

(4) (1)〜(3)の結果を考慮すると，温度が高くなるにつれて
- v_{max} は大きくなる
- $f(v_{max})$ は小さくなる
- $f(v_{max})$ にきわめて近い値になる確率は小さくなり，速度の分布が広くなることがわかる。このような傾向は図3.2からも明らかである。

【演習2】

(1) 速度vの平均値（期待値）を求めるためには，速度（値）と速度分布関数（確率）の積を積分（加算）すればよい。したがって

$$\bar{v} = \int_0^\infty v f(v) dv = 4\pi \left(\frac{M}{2\pi RT}\right)^{3/2} \int_0^\infty v^3 \exp\left(-\frac{Mv^2}{2RT}\right) dv$$

の積分で求めることができる。ガウス関数の積分になっていることに着目すると

$$\bar{v} = 4\pi \left(\frac{M}{2\pi RT}\right)^{3/2} \times \frac{1}{2} \left(\frac{M}{2RT}\right)^{-2} = \sqrt{\frac{8RT}{\pi M}} \quad \langle 答 \rangle$$

であることがわかる。なお，同様の手法で平均二乗速度$\overline{v^2}$を求めることもできる。

(2) (1)と本項演習1の解答より

$$\bar{v} : v_{max} = \sqrt{\frac{8RT}{\pi M}} : \sqrt{\frac{2RT}{M}} = \frac{2}{\sqrt{\pi}} : 1 \fallingdotseq 1.13 : 1 \quad \langle 答 \rangle$$

となる。したがって，最大確率速度よりも平均速度のほうが大きい。図3.2に示すように，速度分布関数$f(v)$が速度が大きい側に裾をひく分布となることを意味している。

(3) 3.1.2項の演習1，本項の演習より，各速度を求める方法が明らかになる。ここで，温度Tが絶対温度，モル質量Mの単位が〔kg/mol〕であることに注意すると

$$\sqrt{\overline{v^2}} = \sqrt{\frac{3RT}{M}} = 4.82 \times 10^2 \, \text{[m/s]} \quad \langle 答 \rangle$$

$$\bar{v} = \sqrt{\frac{8RT}{\pi M}} = 4.44 \times 10^2 \, \text{[m/s]} \quad \langle 答 \rangle$$

$$v_{max} = \sqrt{\frac{2RT}{M}} = 3.94 \times 10^2 \, \text{[m/s]} \quad \langle 答 \rangle$$

となる。

3.1.4項

【演習1】 ファンデルワールスの状態方程式については，3.1.4項で詳述している。ここでは略解のみ示す。

理想気体では分子間力が無視され，分子が質点とみなされている。一方，実在気体では，(a) 分子間力や，(b) 分子の大きさ，が考慮されている。そこで，以下の 2 点を補正する必要がある。

(a)′ 分子間に働く引力を考慮するため，分子の数密度とファンデルワールス定数 a を考えると，圧力は $P + a\left(\dfrac{n}{V}\right)^2$ となる。

(b)′ 分子の大きさを考慮して排除体積の概念を用いると気体の体積は $V - nb$ となる。

以上より，ファンデルワールスの状態方程式は

$$\left(P + \frac{an^2}{V^2}\right)(V - nb) = nRT$$

となる。

【演習 2】

(1) 圧縮因子の式は次式で表される。

$$z = \frac{PV}{nRT}$$

したがって，物質量は以下となる。

$$n = \frac{PV}{zRT} = 5.5 \times 10 \ \text{[mol]} \quad \langle 答 \rangle$$

(2) 理想気体では，状態方程式より

$$P = \frac{nRT}{V} = 1.54 \times 10^2 \ \text{[atm]} \quad \langle 答 \rangle$$

であることがわかる。一方，ファンデルワールスの状態方程式に従う実在気体である場合

$$P = \frac{nRT}{V - nb} - a\frac{n^2}{V^2}$$

という関係があるので，圧力を計算すると

$$P = 1.22 \times 10^2 \ \text{[atm]} \quad \langle 答 \rangle$$

となる。したがって，100 atm を超える高圧の条件では，この気体は理想気体のようには振る舞わないことがわかる。

【演習 3】

(1) ファンデルワールスの状態方程式は

$$P = \frac{RT}{V_m - b} - \frac{a}{V_m^2}$$

のように書けるので

$$\frac{PV_m}{RT} = \frac{V_m}{V_m - b} - \frac{a}{V_m RT} = \left(1 - \frac{b}{V_m}\right)^{-1} - \frac{a}{V_m RT}$$

と式変形できる。ここで，b は分子の排除体積に関する補正項であり，V_m に比べてきわめて小さいことに着目すると

$$\frac{PV_m}{RT} = 1 + \frac{b}{V_m} + \frac{b^2}{V_m^2} + \cdots - \frac{a}{V_m RT} = 1 + \left(b - \frac{a}{RT}\right)\frac{1}{V_m} + \frac{b^2}{V_m^2} + \cdots$$

の関係が得られる。

(2) 第2ビリアル係数 B が0になる温度は

$$B = b - \frac{a}{RT} = 0$$

より，次式となる。

$$T = \frac{a}{bR} \quad \langle 答 \rangle$$

この温度は**ボイル温度**と呼ばれている。一般に，第3ビリアル係数以上のビリアル係数は比較的小さいので，ボイル温度の気体は，広範囲の圧力に対して理想気体の法則に従う。

また，第2ビリアル係数には引力と斥力の両方が関与しており，つぎの関係がある。

(a) $bRT > a$： 高温では斥力が支配的
(b) $bRT = a$： ボイル温度
(c) $bRT < a$： 低温では引力が支配的

このようにビリアル係数も分子間の引力と斥力によって決定される。

3.1.5項
【演習1】

(1) 臨界点は P-V 曲線（等温線）における変曲点なので

$$\left(\frac{\partial P}{\partial V}\right)_{T_c} = 0, \quad \left(\frac{\partial^2 P}{\partial V^2}\right)_{T_c} = 0$$

の関係がある。ファンデルワールスの状態方程式を実際に微分すると

$$\left(\frac{\partial P}{\partial V}\right)_{T_c} = -\frac{nRT_c}{(V_c - nb)^2} + \frac{2an^2}{V_c^3} = 0$$

$$\left(\frac{\partial^2 P}{\partial V^2}\right)_{T_c} = \frac{2nRT_c}{(V_c - nb)^3} - \frac{6an^2}{V_c^4} = 0$$

これらの式から T_c を消して整理すると

$$V_c = 3nb \quad \text{つまり} \quad V_{mc} = 3b$$

となる。この関係を上記の微分した式に代入すると

$$T_c = \frac{8a}{27bR}$$

の関係が得られ，さらにこれらをファンデルワールスの状態方程式に

代入すると次式が得られる。
$$P_c = \frac{a}{27b^2}$$

(2) ファンデルワールスの状態方程式を換算変数 (P_R, V_{mR}, T_R) で表すため, $V_m = V_{mc}V_{mR} = 3bV_{mR}$ と, $T = T_c T_R = \frac{8a}{27Rb}T_R$ を代入すると

$$P = \frac{R \times \{8a/(27Rb)\} T_R}{3bV_{mR} - b} - \frac{a}{9b^2 V_{mR}^2} = \frac{a}{27b^2}\left(\frac{8T_R}{3V_{mR} - 1} - \frac{3}{V_{mR}^2}\right)$$

となる。さらに, 圧力も換算変数にすると以下の関係が得られる。

$$\left(P_R + \frac{3}{V_{mR}^2}\right)\left(V_{mR} - \frac{1}{3}\right) = \frac{8}{3}T_R$$

3.1.6項
【演習1】 3.1.6項に詳述しているので省略する。
【演習2】
(1) 同種の分子の衝突頻度は次式により計算できる。

$$z = \frac{\sqrt{2}\pi d^2 \bar{v} N}{V}$$

ここで, d と $\bar{v}$ は問題文に与えられているため, $\frac{N}{V}$ を求める必要がある。理想気体の状態方程式より

$$\frac{N}{V} = \frac{P}{kT} = 2.42 \times 10^{25} \ [\text{m}^{-3}]$$

が得られるので, d の単位を [m] に換算して衝突頻度を求めると

$$z = 6.6 \times 10^9 \ [\text{s}^{-1}] \quad \langle \text{答} \rangle$$

となる。

(2) 異種分子間の衝突数は次式で与えられる。

$$Z_{AB} = \frac{\pi d_{AB}^2 \bar{v}_{AB} N_A N_B}{V^2}$$

ここで, d_{AB} は問題文に与えられており, 単位を [m] に直して代入するだけである。また, $\frac{N_A}{V}$ および $\frac{N_B}{V}$ は(1)と同様に理想気体の状態方程式から求める。平均相対速度は

$$\bar{v}_{AB} = \sqrt{\frac{8kT}{\pi \mu}}$$

で与えられるが, 換算質量を N_2 と O_2 の分子の質量 m_{N_2} と m_{O_2} で置き換えると

$$\bar{v}_{AB} = \sqrt{\frac{8kT}{\pi}\left(\frac{1}{m_{N_2}} + \frac{1}{m_{O_2}}\right)} = \sqrt{\frac{8RT}{\pi}\left(\frac{1}{M_{N_2}} + \frac{1}{M_{O_2}}\right)}$$

となる。ただし、M_{N_2} と M_{O_2} はモル質量である。
これらの式に値を代入して計算すると
$$Z_{AB} = 2.7 \times 10^{34} \ [\mathrm{m}^{-3} \cdot \mathrm{s}^{-1}] \quad \langle 答 \rangle$$
となる。

【演習3】

(1) 同種の気体分子の衝突数を表す式から導出できる。ただし、単位体積当りであることを考慮する必要がある。
$$Z = \frac{\pi d^2 \bar{v} N^2}{\sqrt{2} \ V^2} = \frac{\pi d^2 N^2}{\sqrt{2}} \sqrt{\frac{8RT}{\pi M}} = 2d^2 N^2 \sqrt{\frac{\pi RT}{M}}$$

(2) (1)の式に代入すればよいが、(a) $2Z$ を求めること、(b) N は演習2のように理想気体の状態方程式から求めること、(c) 気体定数として 8.314 J/(mol·K) を用いるときは M の単位を kg/mol とすること、の3点に注意する。これより
$$2Z = 4d^2 \left(\frac{P}{kT}\right)^2 \sqrt{\frac{\pi RT}{M}} = 1.8 \times 10^{34} \ [\mathrm{m}^{-3} \cdot \mathrm{s}^{-1}] \quad \langle 答 \rangle$$
となる。

(3) この問題では、単位体積中で単位時間に反応する分子数に着目している。このことに注意すると
$$-\frac{d[AB]}{dt} = k[AB]^2 = k\left(\frac{n}{V}\right)^2 = k\left(\frac{P}{RT}\right)^2 = 3.32 \times 10^{-3} \ [\mathrm{mol/(m^3 \cdot s)}]$$
より、反応する分子数は $2.00 \times 10^{21} \ \mathrm{m}^{-3} \cdot \mathrm{s}^{-1}$ 〈答〉となる。
また、衝突する分子のうちで反応するものの割合は以下のようになる。
$$\frac{2.00 \times 10^{21} \ [\mathrm{m}^{-3} \cdot \mathrm{s}^{-1}]}{1.8 \times 10^{34} \ [\mathrm{m}^{-3} \cdot \mathrm{s}^{-1}]} = 1.1 \times 10^{-13} \quad \langle 答 \rangle$$

【演習4】

(1) 平均自由行程は次式で表されるので、1 mol が 6.02×10^{23} 個の分子からなり、その体積が $22.4 \times 10^3 \ \mathrm{cm}^3$ であることに注目すると
$$\lambda = \frac{V}{\sqrt{2} \ \pi N d^2} = 8.2 \times 10^{-6} \ [\mathrm{cm}] \quad \langle 答 \rangle$$
が得られる。

(2) 理想気体の状態方程式を用いると
$$\lambda = \frac{V}{\sqrt{2} \ \pi N d^2} = \frac{kT}{\sqrt{2} \ \pi d^2 P} = \frac{kT}{\sqrt{2} \ \sigma P} \quad \langle 答 \rangle$$
という関係が得られる。

3.2.1項

【演習1】

(1) 例えば，$N_1=4$，$N_2=0$ の場合は

$$\frac{4!}{4!0!}=1$$

より，1通りとなる．同様に，$N_1=3$，$N_2=1$ の場合は 4通り，$N_1=2$，$N_2=2$ の場合は 6通り，$N_1=1$，$N_2=3$ の場合は 4通り，$N_1=0$，$N_2=4$ の場合は 1通り，となるので，合計すると 16〔通り〕〈答〉になる．

(2) 球①，②および③を二つの箱に分配する場合，一つの球について2通りの分配方法があるので

$$2^3=8 〔通り〕 〈答〉$$

となる．同様に，一つの球④を四つの箱に分配する方法は $4^1=4$〔通り〕〈答〉ある．

(3) (1)より，$N_1=3$，$N_2=1$ に分ける方法は4通りある．さらに，(2)に示したように N_1 の組についてはおのおの2通りの分配方法があり，N_2 の組には4通りある．したがって

$$\frac{4!}{3!1!}2^3 4^1 = 128 〔通り〕 〈答〉$$

の分配方法がある．

(4) (3)を一般化すると

$$W(N_1, \cdots, N_n) = \frac{N!}{N_1! \cdots N_n!} g_1^{N_1} \cdots g_n^{N_n}$$

となるので，この式を用いて計算すると以下のようになる．

$$W = \frac{6!}{4!2!} 3^4 4^2 = 19\,440 〔通り〕 〈答〉$$

【演習2】

(1) 表3.1より，各分布の微視的状態の総数 W_i は

$$W_1 = \frac{2!}{1!1!}=2, \quad W_2 = \frac{2!}{1!1!}=2, \quad W_3 = \frac{2!}{2!0!}=1$$

となるため，総数は5〔通り〕〈答〉である．

(2) (1)を参考にすると，**解表3.1**の分布が可能であることがわかる．したがって，各分布の微視的状態の総数 W_i は

$$W_1 = \frac{1\,000!}{999!1!} = 1\,000$$

$$W_2 = \frac{1\,000!}{998!1!1!} = 9.990 \times 10^5$$

$$W_3 = \frac{1\,000!}{998!2!} = 4.995 \times 10^5$$

解表 3.1 可能な分布

エネルギー	分　子　数		
$4h\nu$	1	0	0
$3h\nu$	0	1	0
$2h\nu$	0	0	2
$1h\nu$	0	1	0
$0h\nu$	999	998	998
分布 No.	1	2	3

となるため，総数は $1\,000+9.990\times10^5+4.995\times10^5=1.499\,5\times10^6$〔通り〕〈答〉である．

3.2.2 項

【演習 1】

(1) 厳密な解答は数学の教科書に譲り，ここでは簡易的な証明をする．

$$\ln N! = \ln 1 + \ln 2 + \cdots + \ln N \fallingdotseq \int_1^N \ln x\,dx = [x\ln x - x]_1^N$$
$$= N\ln N - N + 1 \fallingdotseq N\ln N - N$$

したがって，N が十分に大きいときは，スターリングの公式が利用できる．

(2) 計算すると**解表 3.2** の表が得られる．

解表 3.2 スターリングの近似と誤差

N	$\ln N!$	$N\ln N - N$	誤差〔%〕
10	15.10	13.03	13.8
30	74.66	72.04	3.5
50	148.48	145.60	1.9
100	363.74	360.52	0.9

3.2.3 項

【演習 1】 ラグランジュの未定乗数法とは，ある関数 $f(x,y)$ の極値（極大値または極小値）を制約条件の下で求める方法である．ここで，制約条件を $g(x,y)=0$ とすると，以下の 3 ステップで $f(x,y)$ の極値を求められる．

1) 新しい関数 $h(x,y)=f(x,y)+\lambda g(x,y)$ を考える．なお，λ は未定乗数と呼ばれ，この時点では未知の値である．

2) $h(x,y)$ を x および y でそれぞれ偏微分して 0 とおく．

$$\left(\frac{\partial h}{\partial x}\right)_y = \left(\frac{\partial f}{\partial x}\right)_y + \lambda\left(\frac{\partial g}{\partial x}\right)_y = 0$$

$$\left(\frac{\partial h}{\partial y}\right)_x = \left(\frac{\partial f}{\partial y}\right)_x + \lambda\left(\frac{\partial g}{\partial y}\right)_x = 0$$

3) これらの式と $g(x,y)=0$ を解くと，$f(x,y)$ の極値を与える x，y と未定乗数 λ がわかる．なお，制約条件が二つの場合には，もう一つの制約条件を考慮し，未定乗数も二つとなる．

この方法を用いて，$f(x,y)=4xy$ の極値を求める．$h(x,y)=4xy+\lambda(x^2+y^2-a^2)$ とおくと

$$\left(\frac{\partial h}{\partial x}\right)_y = 4y+2x\lambda = 0, \qquad \left(\frac{\partial h}{\partial y}\right)_x = 4x+2y\lambda = 0$$

これらより，λ を消去すると

$$x^2-y^2=0$$

となることがわかるので，制約条件の式に代入すると以下の解が得られる．

$$x=\pm\frac{a}{\sqrt{2}}, \qquad y=\pm\frac{a}{\sqrt{2}}$$

したがって，$4xy$ の極大値は $2a^2$，極小値は $-2a^2$ 〈答〉となる．

3.2.4項
【演習1】
(1) 組合せの数は

$$W=\frac{N!}{N_1!N_2!\cdots}$$

で表せるので，対数にして，スターリングの公式を用いると

$$\ln W = \ln N! - \sum_i \ln N_i! = N\ln N - N - \sum_i \left(N_i \ln N_i - N_i\right)$$

の関係が得られる．

(2) 二つの束縛条件とは，全粒子数 N が一定であることと，全エネルギー E が一定であることである．式で書くとつぎのようになる．

$$N=\sum_i N_i = \text{const.}, \qquad E=\sum_i N_i \varepsilon_i = \text{const.}$$

(3) (2)の束縛条件の下，(1)の式の極値をラグランジュの未定乗数法で求めると

$$-\ln N_i + \alpha - \beta\varepsilon_i = 0$$

となる．ここで，α と $-\beta$ は未定乗数である．これらの未定乗数を決定し，N_i を確率に書き換えて，極座標変換を行うとマクスウェルの速度

分布則を導出できる．3.2.4項とつぎの演習2に詳述している．

【演習2】

(1) 単位に気を付けて，計算すると以下の値が得られる．
$$f(100) = 1.34 \times 10^{-3} \ [\mathrm{m^{-1} \cdot s}], \quad f(200) = 1.11 \times 10^{-3} \ [\mathrm{m^{-1} \cdot s}],$$
$$f(300) = 8.02 \times 10^{-4} \ [\mathrm{m^{-1} \cdot s}] \quad \langle 答 \rangle$$

(2) 厳密には $f(v_x)$ を $200.0 \sim 200.2 \ \mathrm{m/s}$ で積分することにより得られるが，v_x の範囲が狭いので，以下の近似式で計算できる．
$$f(v_x)\Delta v_x = f(200.0) \times 0.2 \ [\mathrm{m/s}] = 2.21 \times 10^{-4} \quad \langle 答 \rangle$$

(3) $f(v) = f(v_x)f(v_y)f(v_z)$ の関係があることを用いて，(a) $v^2 = v_x^2 + v_y^2 + v_z^2$ の代入と，(b) 極座標変換 $(dv_x dv_y dv_z = 4\pi v^2 dv)$ を行うと
$$f(v)dv = 4\pi \left(\frac{M}{2\pi RT}\right)^{3/2} v^2 \exp\left(-\frac{Mv^2}{2RT}\right) dv \quad \langle 答 \rangle$$
が得られる．

(4) (3)の式を用いて計算すると，以下のようになる
$$f(v)\Delta v = f(200.0) \times 0.2 \ [\mathrm{m/s}] = 2.29 \times 10^{-4} \quad \langle 答 \rangle$$

3.3.1項

【演習1】

(a) 時間平均　(b) $\dfrac{E_i \Delta t_i}{\tau}$　(c) 集団平均（アンサンブル平均）

(d) $E_i \mathbb{N}_i / \mathbb{N}$　(e) エルゴード

【演習2】 3.3.1項に詳述しているので省略する．

3.3.3項

【演習1】 次式のように表すことができる．
$$\mathbb{N}_j = \mathbb{N} \frac{\exp(-E_j/(kT))}{\sum_j \exp(-E_j/(kT))} = \mathbb{N} \frac{\exp(-j\varepsilon/(kT))}{\sum_j \exp(-j\varepsilon/(kT))} \quad \langle 答 \rangle$$

3.3.4項

【演習1】

(1) 以下のように計算することができる．なお，便宜上，$\beta = \dfrac{1}{kT}$ とおいている．
$$Q = \sum_j \exp(-\beta E_j) = \sum_j \exp(-j\beta\varepsilon)$$
$$= 1 + \exp(-\beta\varepsilon) + \exp(-2\beta\varepsilon) + \exp(-3\beta\varepsilon) + \cdots$$
$$= 1 + \exp(-\beta\varepsilon) + \{\exp(-\beta\varepsilon)\}^2 + \{\exp(-\beta\varepsilon)\}^3 + \cdots = \{1 - \exp(-\beta\varepsilon)\}^{-1}$$
$$\langle 答 \rangle$$

(2) 3.3.3項の演習1にあるように

演 習 問 題 解 答　　171

$$\mathbb{N}_j = \mathbb{N}\frac{\exp(-j\beta\varepsilon)}{Q}$$

なので，集団の全エネルギー E は次式のように表される．

$$E = \sum_j (\mathbb{N}_j \times j\varepsilon) = \sum_j \left\{\mathbb{N}\frac{\exp(-j\beta\varepsilon)}{Q} \times j\varepsilon\right\}$$
$$= 8\{1-\exp(-\beta\varepsilon)\}\sum_j \{j\varepsilon\exp(-j\beta\varepsilon)\}$$

ここで，総和に着目し，(1) の関係を用いると

$$\sum_j \{j\varepsilon\exp(-j\beta\varepsilon)\} = -\frac{\partial\left\{\sum_j\exp(-j\beta\varepsilon)\right\}}{\partial\beta} = -\frac{\partial}{\partial\beta}\{1-\exp(-\beta\varepsilon)\}^{-1}$$
$$= \{1-\exp(-\beta\varepsilon)\}^{-2} \times \varepsilon\exp(-\beta\varepsilon)$$

となる．したがって，全エネルギーが 8ε であることも考慮すると

$$E = 8\{1-\exp(-\beta\varepsilon)\} \times \{1-\exp(-\beta\varepsilon)\}^{-2} \times \varepsilon\exp(-\beta\varepsilon) = 8\varepsilon$$

という関係が得られるので，整理すると

$$\exp(-\beta\varepsilon) = 0.5$$

となる．以上の結果から $\mathbb{N}_3$ を求めると以下のようになる．

$$\mathbb{N}_3 = 8 \times \frac{\exp(-3\beta\varepsilon)}{Q} = 8\{\exp(-\beta\varepsilon)\}^3\{1-\exp(-\beta\varepsilon)\} = 0.5 \quad \langle 答 \rangle$$

3.3.5 項

【演習 1】

(1) 確率 P_i とカノニカル分配関数には

$$P_i = \frac{\exp(-\beta E_i)}{Q}$$

の関係があるので，両辺の対数をとると次式が得られる．

$$\ln P_i = -\beta E_i - \ln Q$$

これをエントロピーと確率の関係に代入し，カノニカルアンサンブルにおけるエネルギーの集団平均は内部エネルギー U とみなせることに注意すると

$$S = k\sum_i (P_i\beta E_i + P_i\ln Q) = k\beta U + k\ln Q = \frac{U}{T} + k\ln Q \quad \langle 答 \rangle$$

が得られる．

(2) ギブスの自由エネルギーは以下のように定義されている．

$$G = A + PV = U - TS + PV$$

したがって，圧力とカノニカル分配関数の関係と (1) の解答を用いると，次式が得られる．

$$G = -kT\ln Q + kVT\left(\frac{\partial \ln Q}{\partial V}\right)_T \quad \langle 答\rangle$$

3.3.7項
【演習1】

(a) $\varepsilon_{ai} + \varepsilon_{bi} + \varepsilon_{ci} + \cdots$ 　(b) $\exp\left(-\dfrac{エネルギー}{kT}\right)$ 　(c) $\exp\left(-\dfrac{\varepsilon_{ai}}{kT}\right)$

(d) $\exp\left(-\dfrac{\varepsilon_{ai} + \varepsilon_{bi} + \varepsilon_{ci} + \cdots}{kT}\right)$ 　(e) $q_a q_b q_c \cdots$ 　(f) 和 　(g) 積

【演習2】

(1) 系がとる可能な微視的な状態の数は，2個の区別できる分子 a および b をエネルギー状態1および2の二つに配分する仕方の数で与えられ，つぎのように4通りである。

$$E_{11} = \varepsilon_{a1} + \varepsilon_{b1}, \quad E_{12} = \varepsilon_{a1} + \varepsilon_{b2}, \quad E_{21} = \varepsilon_{a2} + \varepsilon_{b1}, \quad E_{22} = \varepsilon_{a2} + \varepsilon_{b2}$$

ただし，例えば ε_{a1} は分子 a がエネルギー値 ε_1 をもっていることを表している。このとき，カノニカル分配関数 Q は次式のように表される。

$$\begin{aligned} Q &= \exp\left(-\frac{E_{11}}{kT}\right) + \exp\left(-\frac{E_{12}}{kT}\right) + \exp\left(-\frac{E_{21}}{kT}\right) + \exp\left(-\frac{E_{22}}{kT}\right) \\ &= \exp\left\{-\frac{(\varepsilon_{a1}+\varepsilon_{b1})}{kT}\right\} + \exp\left\{-\frac{(\varepsilon_{a1}+\varepsilon_{b2})}{kT}\right\} + \exp\left\{-\frac{(\varepsilon_{a2}+\varepsilon_{b1})}{kT}\right\} \\ &\quad + \exp\left\{-\frac{(\varepsilon_{a2}+\varepsilon_{b2})}{kT}\right\} \end{aligned}$$

一方，分子 a および b がとる可能なエネルギー状態は1および2の二つなので，分子分配関数 q_a および q_b は

$$q_a = \exp\left(-\frac{\varepsilon_{a1}}{kT}\right) + \exp\left(-\frac{\varepsilon_{a2}}{kT}\right), \quad q_b = \exp\left(-\frac{\varepsilon_{b1}}{kT}\right) + \exp\left(-\frac{\varepsilon_{b2}}{kT}\right)$$

と与えられる。この二つの式を掛けると

$$\begin{aligned} q_a q_b &= \left\{\exp\left(-\frac{\varepsilon_{a1}}{kT}\right) + \exp\left(-\frac{\varepsilon_{a2}}{kT}\right)\right\} \times \left\{\exp\left(-\frac{\varepsilon_{b1}}{kT}\right) + \exp\left(-\frac{\varepsilon_{b2}}{kT}\right)\right\} \\ &= \exp\left\{-\frac{(\varepsilon_{a1}+\varepsilon_{b1})}{kT}\right\} + \exp\left\{-\frac{(\varepsilon_{a1}+\varepsilon_{b2})}{kT}\right\} + \exp\left\{-\frac{(\varepsilon_{a2}+\varepsilon_{b1})}{kT}\right\} \\ &\quad + \exp\left\{-\frac{(\varepsilon_{a2}+\varepsilon_{b2})}{kT}\right\} = Q \end{aligned}$$

となるので，分子分配関数の積はカノニカル分配関数に等しい。

(2) (a) 二つの分子が局在化している場合，分子そのものは区別できなく

ても，その位置によって区別することができる。各分子で 50 個の量子状態をとることができるので，微視的状態の数は $50 \times 50 = 2\,500$〔通り〕〈答〉となる。

(b) 非局在化している場合，二つの分子は区別できない。また，その量子状態によって計算方法が異なる。

2 個の分子が同じ量子状態にある場合，微視的状態の数は 50 通りである。

2 個の分子が異なる量子状態にある場合，区別できない分子を交換しても新しい状態を生じないことを考慮しなければならない。仮に二つの分子が"区別できる"と考えた場合，すべての微視的状態の数は，$50 \times 50 = 2\,500$ 通りあるが，そのうち 50 通りは同じ量子状態をとるので，異なる量子状態となる微視的状態の数は $2\,500 - 50 = 2\,450$ 通りある。しかし，"区別できない"分子の場合は，微視的状態の数は半分になるので，1 225 通りとなる。

以上から，すべての量子状態について微視的状態の数を考えると
$$50 + 1\,225 = 1\,275 \text{〔通り〕〈答〉}$$
となる。

3.3.8 項

【演習 1】 3.3.8 項に詳述しているので省略する。

【演習 2】

(1) 分子を剛体と考えた場合，回転における慣性モーメントは，一般に
$$I_{2AM} = \sum \{(原子の質量) \times (原子と回転中心の距離)^2\}$$
と表せる。したがって，原子 1 と 2 の質量をそれぞれ m_1, m_2 とし，原子 1 および 2 から分子の重心までの距離をそれぞれ r_1, r_2 とすると，次式で表すことができる。
$$I_{2AM} = m_1 r_1^2 + m_2 r_2^2$$
ここで，回転中心である重心は，てこの原理より「(原子の質量)×(原子と重心の距離)」の値がすべての原子について釣り合った点であるので
$$m_1 r_1 = m_2 r_2$$
となる。また，2 個の原子の原子間距離を r とすると
$$r = r_1 + r_2$$
と表せる。したがって，これらの二つの式より

$$r_1 = \frac{m_2}{m_1 + m_2} r, \qquad r_2 = \frac{m_1}{m_1 + m_2} r$$

の関係が得られるので，慣性モーメントは以下のように表すことができる．

$$I_{2AM} = m_1 \left(\frac{m_2}{m_1 + m_2} r \right)^2 + m_2 \left(\frac{m_1}{m_1 + m_2} r \right)^2 = \mu r^2 \quad \langle 答 \rangle$$

なお，μ は換算質量である．

(2) まず，直線分子の最も簡単な例として，(1)と同様に2原子分子を考える．重心，原子1および2の座標をそれぞれ x_0，x_1 および $-x_2$ とし，原子1および2から分子の重心までの距離をそれぞれ r_1，r_2 とすると

$$r_1 = x_1 - x_0, \qquad r_2 = -x_2 + x_0$$

と表せる．原子1および2の質量をそれぞれ m_1，m_2 とすると，(1)と同様に

$$m_1 r_1 = m_2 r_2$$

が成り立つので，次式が得られる．

$$m_1 (x_1 - x_0) = m_2 (-x_2 + x_0)$$

したがって，重心の座標は

$$x_0 = \frac{m_1 x_1 + m_2 x_2}{m_1 + m_2}$$

となる．これを直線形多原子分子まで拡張すると

$$x_0 = \frac{\sum_i m_i x_i}{\sum_i m_i}$$

により求めることができる．また直線形多原子分子の慣性モーメント I_{MAM} は

$$I_{MAM} = \sum_i \left\{ m_1 (x_i - x_0)^2 \right\}$$

で表されるので，x_0 を求めて代入することにより，慣性モーメントを計算することができる．

索引

【あ】

圧縮因子の式	78
圧縮率因子の式	78

【い】

陰関数	17

【え】

エネルギー換算表	6
エネルギー保存則	14
エルゴードの仮説	101
エンタルピー	15
エントロピー	40, 46, 57, 59, 105
──の諸性質	49
──の要約	49

【お】

オイラーの完全条件	22
オストワルドの原理	38
オットーサイクル	43, 43

【か】

外界	3
回転運動	58
化学反応	35
可逆過程	4, 47
可逆的膨張仕事	10
可逆膨張	12
過程	23
カノニカルアンサンブル	102
カノニカル分配関数	108
カルノーサイクル	40, 43
カルノーの定理	42
完全微分	13, 21
完全微分量	47

【き】

気体分子運動	70
ギブスの自由エネルギー	61, 62
ギブス・ヘルムホルツの式	67
吸熱	35
巨視的な性質	1
キルヒホッフの法則	35

【く】

クラジウスの原理	37
グランドカノニカルアンサンブル	102

【け】

系	3
経験式	28
系の大きな規模の性質	1
系の巨視的な性質	1
系のマクロな性質	1
ゲイ・リュサックの法則	7
ケルビンまたはトムソンの原理	37

【こ】

古典熱力学	1
孤立系	3
混合エントロピー	51, 52
根平均二乗速度	73, 76

【さ】

サイクル過程	40
サイクル変化	26
最大確率速度	77
最大仕事関数	61, 62

【し】

時間平均値	99
示強性	16
示強的性質	4, 16
仕事	10
自由エネルギー	61
集団平均値	100
ジュールの実験	23
ジュールの法則	23
循環過程	14, 26
循環則	20, 21
準静的過程	4
小正準集団	102
状態関数	4, 16
状態方程式	23
状態量	4, 16
状態和	108
衝突数	86, 87
衝突頻度	86, 86
示量性	16
示量的性質	4, 16
振動運動	58

【す】

図式積分	56
スターリングの公式	92

【せ】

斉次式	16
正準集団	102
絶対温度	8
絶対的なエントロピー	55
全微分	19

【そ】

相転移	53
相反関係	22

【た】

対応状態の法則	84
大正準集団	102
断熱過程	25, 32
断熱係数	30

【ち】

チャールズの法則	7

【て】

定圧過程	24
定圧熱容量	24, 28, 50
定圧膨張率	30
定圧モル熱容量	28
定温圧縮率	30, 31
定温過程	25, 32
ディーゼルサイクル	43, 44
定容過程	24
定容熱容量	24, 28, 49
定容モル熱容量	28

【と】

等確率の仮定	101
統計集団	98
統計熱力学	1
統計力学的なエントロピー	59
閉じた系	3
ドルトンの法則	74

【な】

内部エネルギー	13
流れ系	3

【ね】

熱	9
熱移動	52
熱容量	10, 27
——の差	29
熱力学	1
熱力学第一法則	5, 14, 114
熱力学第一法則・第二法則の結合式	61
熱力学第一法則の定義式	50
熱力学第三法則	5, 55, 116
熱力学第二法則	5, 37, 114
熱力学第零法則	5
熱力学的温度	8
熱力学の基礎方程式	63

【は】

発熱	35

【ひ】

微視的な性質	1
非流れ系	3
標準生成エンタルピー	35
標準絶対エントロピー	56
開いた系	3
ビリアル方程式	79

【ふ】

ファンデルワールスの状態方程式	80
不可逆過程	4, 47
不可逆的膨張仕事	10
不可逆膨張	12
不完全微分	22
プランクの原理	38
分子分配関数	116
分子論的な解釈	57

分配関数	108

【へ】

平均自由行程	87
平均速度	76
平均二乗速度	72
並進運動	58
ヘスの法則	35
ヘルムホルツの自由エネルギー	61
偏導関数	18
偏微分	18

【ほ】

ポアッソンの式	33
ボイル温度	164
ボイル・ゲイ・リュサックの法則	7
ボイル・チャールズの法則	7
ボイルの法則	7, 74
ボイル・マリオットの法則	7
ポリトロープ過程	26
ボルツマン定数	75
ボルツマンの関係式	59
ボルツマンの原理	60
ボルツマン分布	106
ボルンの図式	65
ボンベ型熱量計	35

【ま】

マイヤーの関係式	29
マクスウェルの関係式	65
マクスウェルの速度分布則	76, 97
マクスウェル・ボルツマンの速度分布則	76
マクロな系	2
マクロな差	11

【み】

ミクロカノニカルアンサンブル　102
ミクロな系　2
ミクロな差　11

【む】

無限小の差　11
無秩序さの尺度　59

【ゆ】

有限の差　11
有効衝突断面積　85

【よ】

陽関数　17

【り】

理想気体のエントロピー変化　50
理想気体の状態方程式　9
理想的な熱機関　40
臨界圧力　83
臨界温度　83
臨界体積　83
臨界点　82

―― 著者略歴 ――

湯浅　真（ゆあさ　まこと）
1983 年　早稲田大学理工学部応用化学科卒業
1988 年　早稲田大学大学院博士課程修了（応
　　　　用化学専攻）
　　　　工学博士
1988 年　東京理科大学助手
1993 年　東京理科大学講師
1998 年　東京理科大学助教授
2001 年　東京理科大学教授
2024 年　東京理科大学名誉教授

北村　尚斗（きたむら　なおと）
2001 年　京都大学総合人間学部自然環境学科
　　　　卒業
2006 年　京都大学大学院博士課程修了（化学
　　　　専攻）
　　　　博士（理学）
2006 年　京都大学研究員，非常勤講師
2007 年　東京理科大学助教
2014 年　東京理科大学講師
2020 年　東京理科大学准教授
　　　　現在に至る

化学系学生にわかりやすい熱力学・統計熱力学
Thermodynamics and Statistical Thermodynamics
easy to Undergraduate Students majoring in Chemistry

Ⓒ Makoto Yuasa, Naoto Kitamura 2017

2017 年 4 月 28 日　初版第 1 刷発行
2024 年 12 月 15 日　初版第 2 刷発行

★

検印省略	著　者	湯　浅　　　　真
		北　村　尚　斗
	発行者	株式会社　コロナ社
		代表者　牛来真也
	印刷所	萩原印刷株式会社
	製本所	有限会社　愛千製本所

112-0011　東京都文京区千石 4-46-10
発行所　株式会社　コロナ社
CORONA PUBLISHING CO., LTD.
Tokyo Japan
振替 00140-8-14844・電話(03)3941-3131(代)
ホームページ　https://www.coronasha.co.jp

ISBN 978-4-339-06640-1　C3043　Printed in Japan　　　（金）

本書の無断複製は著作権法上での例外を除き禁じられています。複製される場合は，そのつど事前に，
出版者著作権管理機構（電話 03-5244-5088，FAX 03-5244-5089，e-mail: info@jcopy.or.jp）の許諾を
得てください。

本書のコピー，スキャン，デジタル化等の無断複製・転載は著作権法上での例外を除き禁じられています。
購入者以外の第三者による本書の電子データ化及び電子書籍化は，いかなる場合も認めていません。
落丁・乱丁はお取替えいたします。

シリーズ 21世紀のエネルギー

(各巻A5判)

■日本エネルギー学会編

			頁	本体
1.	21世紀が危ない ― 環境問題とエネルギー ―	小島紀徳著	144	1700円
2.	エネルギーと国の役割 ― 地球温暖化時代の税制を考える ―	十佐川・市川・小川共著	154	1700円
3.	風と太陽と海 ― さわやかな自然エネルギー ―	牛山泉他著	158	1900円
4.	物質文明を超えて ― 資源・環境革命の21世紀 ―	佐伯康治著	168	2000円
5.	Cの科学と技術 ― 炭素材料の不思議 ―	白石・大谷共著 京谷・山田	148	1700円
6.	ごみゼロ社会は実現できるか (改訂版)	行本・西共著 立田	142	1800円
7.	太陽の恵みバイオマス ― CO_2を出さないこれからのエネルギー ―	松村幸彦著	156	1800円
8.	石油資源の行方 ― 石油資源はあとどれくらいあるのか ―	JOGMEC調査部編	188	2300円
9.	原子力の過去・現在・未来 ― 原子力の復権はあるか ―	山地憲治著	170	2000円
10.	太陽熱発電・燃料化技術 ― 太陽熱から電力・燃料をつくる ―	吉田・児玉共著 郷右近	174	2200円
11.	「エネルギー学」への招待 ― 持続可能な発展に向けて ―	内山洋司編著	176	2200円
12.	21世紀の太陽光発電 ― テラワット・チャレンジ ―	荒川裕則著	200	2500円
13.	森林バイオマスの恵み ― 日本の森林の現状と再生 ―	松村・吉岡共著 山崎	174	2200円
14.	大容量キャパシタ ― 電気を無駄なくためて賢く使う ―	直井・堀編著	188	2500円
15.	エネルギーフローアプローチで見直す省エネ ― エネルギーと賢く, 仲良く, 上手に付き合う ―	駒井啓一著	174	2400円
16.	核融合炉入門 ― フュージョンエネルギーへの道 ―	岡野邦彦著		近刊

定価は本体価格+税です。
定価は変更されることがありますのでご了承下さい。

図書目録進呈◆

新コロナシリーズ

(各巻B6判，欠番は品切です)

			頁	本体
2.	ギャンブルの数学	木下栄蔵著	174	1165円
3.	音 戯 話	山下充康著	122	1000円
4.	ケーブルの中の雷	速水敏幸著	180	1165円
5.	自然の中の電気と磁気	高木相著	172	1165円
6.	おもしろセンサ	國岡昭夫著	116	1000円
7.	コロナ現象	室岡義廣著	180	1165円
8.	コンピュータ犯罪のからくり	菅野文友著	144	1165円
9.	雷 の 科 学	饗庭貢著	168	1200円
10.	切手で見るテレコミュニケーション史	山田康二著	166	1165円
11.	エントロピーの科学	細野敏夫著	188	1200円
12.	計測の進歩とハイテク	高田誠二著	162	1165円
13.	電波で巡る国ぐに	久保田博南著	134	1000円
14.	膜とは何か ―いろいろな膜のはたらき―	大矢晴彦著	140	1000円
15.	安全の目盛	平野敏右編	140	1165円
16.	やわらかな機械	木下源一郎著	186	1165円
17.	切手で見る輸血と献血	河瀬正晴著	170	1165円
19.	温度とは何か ―測定の基準と問題点―	櫻井弘久著	128	1000円
20.	世界を聴こう ―短波放送の楽しみ方―	赤林隆仁著	128	1000円
21.	宇宙からの交響楽 ―超高層プラズマ波動―	早川正士著	174	1165円
22.	やさしく語る放射線	菅野・関 共著	140	1165円
23.	おもしろ力学 ―ビー玉遊びから地球脱出まで―	橋本英文著	164	1200円
24.	絵に秘める暗号の科学	松井甲子雄著	138	1165円
25.	脳波と夢	石山陽事著	148	1165円
26.	情報化社会と映像	樋渡涓二著	152	1165円
27.	ヒューマンインタフェースと画像処理	鳥脇純一郎著	180	1165円
28.	叩いて超音波で見る ―非線形効果を利用した計測―	佐藤拓宋著	110	1000円
29.	香りをたずねて	廣瀬清一著	158	1200円
30.	新しい植物をつくる ―植物バイオテクノロジーの世界―	山川祥秀著	152	1165円
31.	磁石の世界	加藤哲男著	164	1200円

		頁	本体
32. 体を測る	木村雄治著	134	1165円
33. 洗剤と洗浄の科学	中西茂子著	208	1400円
34. 電気の不思議 ―エレクトロニクスへの招待―	仙石正和編著	178	1200円
35. 試作への挑戦	石田正明著	142	1165円
36. 地球環境科学 ―滅びゆくわれらの母体―	今木清康著	186	1165円
37. ニューエイジサイエンス入門 ―テレパシー，透視，予知などの超自然現象へのアプローチ―	窪田啓次郎著	152	1165円
38. 科学技術の発展と人のこころ	中村孔治著	172	1165円
39. 体を治す	木村雄治著	158	1200円
40. 夢を追う技術者・技術士	CEネットワーク編	170	1200円
41. 冬季雷の科学	道本光一郎著	130	1000円
42. ほんとに動くおもちゃの工作	加藤孜著	156	1200円
43. 磁石と生き物 ―からだを磁石で診断・治療する―	保坂栄弘著	160	1200円
44. 音の生態学 ―音と人間のかかわり―	岩宮眞一郎著	156	1200円
45. リサイクル社会とシンプルライフ	阿部絢子著	160	1200円
46. 廃棄物とのつきあい方	鹿園直建著	156	1200円
47. 電波の宇宙	前田耕一郎著	160	1200円
48. 住まいと環境の照明デザイン	饗庭貢著	174	1200円
49. ネコと遺伝学	仁川純一著	140	1200円
50. 心を癒す園芸療法	日本園芸療法士協会編	170	1200円
52. 摩擦への挑戦 ―新幹線からハードディスクまで―	日本トライボロジー学会編	176	1200円
53. 気象予報入門	道本光一郎著	118	1000円
54. 続もの作り不思議百科 ―ミリ，マイクロ，ナノの世界―	JSTP編	160	1200円
55. 人のことば，機械のことば ―プロトコルとインタフェース―	石山文彦著	118	1000円
56. 磁石のふしぎ	茂吉・早川共著	112	1000円
57. 摩擦との闘い ―家電の中の厳しき世界―	日本トライボロジー学会編	136	1200円
58. 製品開発の心と技 ―設計者をめざす若者へ―	安達瑛二著	176	1200円
59. 先端医療を支える工学 ―生体医工学への誘い―	日本生体医工学会編	168	1200円
60. ハイテクと仮想の世界を生きぬくために	齋藤正男著	144	1200円
61. 未来を拓く宇宙展開構造物 ―伸ばす，広げる，膨らませる―	角田博明著	176	1200円
62. 科学技術の発展とエネルギーの利用	新宮原正三著	154	1200円
63. 微生物パワーで環境汚染に挑戦する	椎葉究著	144	1200円

定価は本体価格＋税です。
定価は変更されることがありますのでご了承下さい。

カーボンナノチューブ・グラフェンハンドブック

フラーレン・ナノチューブ・グラフェン学会 編
B5判／368頁／本体10,000円／箱入り上製本

監　　修：飯島　澄男, 遠藤　守信
委 員 長：齋藤　弥八
委　　員：榎　　敏明, 斎藤　　晋, 齋藤理一郎,
（五十音順）篠原　久典, 中嶋　直敏, 水谷　　孝
　　　　　　　　　　　　　　　　（編集委員会発足時）

本ハンドブックでは，カーボンナノチューブの基本的事項を解説しながら，エレクトロニクスへの応用，近赤外発光と吸収によるナノチューブの評価と光通信への応用の可能性を概観。最近嘱目のグラフェンやナノリスクについても触れた。

【目次】

1. CNTの作製
   1.1 熱分解法／1.2 アーク放電法／1.3 レーザー蒸発法／1.4 その他の作製法
2. CNTの精製
   2.1 SWCNT／2.2 MWCNT
3. CNTの構造と成長機構
   3.1 SWCNT／3.2 MWCNT／3.3 特殊なCNTと関連物質／3.4 CNT成長のTEMその場観察／3.5 ナノカーボンの原子分解能TEM観察
4. CNTの電子構造と輸送特性
   4.1 グラフェン，CNTの電子構造／4.2 グラフェン，CNTの電気伝導特性
5. CNTの電気的性質
   5.1 SWCNTの電子準位／5.2 CNTの電気伝導／5.3 磁場応答／5.4 ナノ炭素の磁気状態
6. CNTの機械的性質および熱的性質
   6.1 CNTの機械的性質／6.2 CNT撚糸の作製と特性／6.3 CNTの熱的性質
7. CNTの物質設計と第一原理計算
   7.1 CNT，ナノカーボンの構造安定性と物質設計／7.2 強度設計／7.3 時間発展計算／7.4 CNT大規模複合構造体の理論
8. CNTの光学的性質
   8.1 CNTの光学遷移／8.2 CNTの光吸収と発光／8.3 グラファイトの格子振動／8.4 CNTの格子振動／8.5 ラマン散乱スペクトル／8.6 非線形光学効果
9. CNTの可溶化，機能化
   9.1 物理的可溶化および化学的可溶化／9.2 機能化
10. 内包型CNT
    10.1 ピーポッド／10.2 水内包SWCNT／10.3 酸素など気体分子内包SWCNT／10.4 有機分子内包SWCNT／10.5 微小径ナノワイヤー内包CNT／10.6 金属ナノワイヤー内包CNT
11. CNTの応用
    11.1 複合材料／11.2 電界放出電子源／11.3 電池電極材料／11.4 エレクトロニクス／11.5 フォトニクス／11.6 MEMS，NEMS／11.7 ガスの吸着と貯蔵／11.8 触媒の担持／11.9 ドラッグデリバリーシステム／11.10 医療応用
12. グラフェンと薄層グラファイト
    12.1 グラフェンの作製／12.2 グラフェンの物理／12.3 グラフェンの化学
13. CNTの生体影響とリスク
    13.1 CNTの安全性／13.2 ナノカーボンの安全性

定価は本体価格+税です。
定価は変更されることがありますのでご了承下さい。

図書目録進呈◆

シミュレーション辞典

日本シミュレーション学会 編
A5判／452頁／本体9,000円／上製・箱入り

- ◆編集委員長　大石進一（早稲田大学）
- ◆分野主査　山崎　憲（日本大学），寒川　光（芝浦工業大学），萩原一郎（東京工業大学），矢部邦明（東京電力株式会社），小野　治（明治大学），古田一雄（東京大学），小山田耕二（京都大学），佐藤拓朗（早稲田大学）
- ◆分野幹事　奥田洋司（東京大学），宮本良之（産業技術総合研究所），小俣　透（東京工業大学），勝野　徹（富士電機株式会社），岡田英史（慶應義塾大学），和泉　潔（東京大学），岡本孝司（東京大学）

(編集委員会発足当時)

シミュレーションの内容を共通基礎，電気・電子，機械，環境・エネルギー，生命・医療・福祉，人間・社会，可視化，通信ネットワークの8つに区分し，シミュレーションの学理と技術に関する広範囲の内容について，1ページを1項目として約380項目をまとめた。

- Ⅰ　共通基礎（数学基礎／数値解析／物理基礎／計測・制御／計算機システム）
- Ⅱ　電気・電子（音　響／材　料／ナノテクノロジー／電磁界解析／VLSI 設計）
- Ⅲ　機　械（材料力学・機械材料・材料加工／流体力学・熱工学／機械力学・計測制御・生産システム／機素潤滑・ロボティクス・メカトロニクス／計算力学・設計工学・感性工学・最適化／宇宙工学・交通物流）
- Ⅳ　環境・エネルギー（地域・地球環境／防　災／エネルギー／都市計画）
- Ⅴ　生命・医療・福祉（生命システム／生命情報／生体材料／医　療／福祉機械）
- Ⅵ　人間・社会（認知・行動／社会システム／経済・金融／経営・生産／リスク・信頼性／学習・教育／共　通）
- Ⅶ　可視化（情報可視化／ビジュアルデータマイニング／ボリューム可視化／バーチャルリアリティ／シミュレーションベース可視化／シミュレーション検証のための可視化）
- Ⅷ　通信ネットワーク（ネットワーク／無線ネットワーク／通信方式）

本書の特徴

1. シミュレータのブラックボックス化に対処できるように，何をどのような原理でシミュレートしているかがわかることを目指している。そのために，数学と物理の基礎にまで立ち返って解説している。

2. 各中項目は，その項目の基礎的事項をまとめており，1ページという簡潔さでその項目の標準的な内容を提供している。

3. 各分野の導入解説として「分野・部門の手引き」を供し，ハンドブックとしての使用にも耐えうること，すなわち，その導入解説に記される項目をピックアップして読むことで，その分野の体系的な知識が身につくように配慮している。

4. 広範なシミュレーション分野を総合的に俯瞰することに注力している。広範な分野を総合的に俯瞰することによって，予想もしなかった分野へ読者を招待することも意図している。

定価は本体価格+税です。
定価は変更されることがありますのでご了承下さい。

図書目録進呈◆

技術英語・学術論文書き方，プレゼンテーション関連書籍

プレゼン基本の基本 －心理学者が提案するプレゼンリテラシー－
下野孝一・吉田竜彦 共著／A5／128頁／本体1,800円／並製

まちがいだらけの文書から卒業しよう 工学系卒論の書き方
－基本はここだ！－
別府俊幸・渡辺賢治 共著／A5／200頁／本体2,600円／並製

理工系の技術文書作成ガイド
白井　宏 著／A5／136頁／本体1,700円／並製

ネイティブスピーカーも納得する技術英語表現
福岡俊道・Matthew Rooks 共著／A5／240頁／本体3,100円／並製

科学英語の書き方とプレゼンテーション（増補）
日本機械学会 編／石田幸男 編著／A5／208頁／本体2,300円／並製

続 科学英語の書き方とプレゼンテーション
－スライド・スピーチ・メールの実際－
日本機械学会 編／石田幸男 編著／A5／176頁／本体2,200円／並製

マスターしておきたい 技術英語の基本 －決定版－
Richard Cowell・佘　錦華 共著／A5／220頁／本体2,500円／並製

いざ国際舞台へ！ 理工系英語論文と口頭発表の実際
富山真知子・富山　健 共著／A5／176頁／本体2,200円／並製

科学技術英語論文の徹底添削 －ライティングレベルに対応した添削指導－
絹川麻理・塚本真也 共著／A5／200頁／本体2,400円／並製

技術レポート作成と発表の基礎技法（改訂版）
野中謙一郎・渡邉力夫・島野健仁郎・京相雅樹・白木尚人 共著
A5／166頁／本体2,000円／並製

知的な科学・技術文章の書き方 －実験リポート作成から学術論文構築まで－
中島利勝・塚本真也 共著
A5／244頁／本体1,900円／並製
日本工学教育協会賞（著作賞）受賞

知的な科学・技術文章の徹底演習
塚本真也 著
工学教育賞（日本工学教育協会）受賞
A5／206頁／本体1,800円／並製

定価は本体価格＋税です。
定価は変更されることがありますのでご了承下さい。

図書目録進呈◆